U0871888

复变函数与积分变换

（第2版）

主　编　张惠玲
副主编　杨　青　韩慧蓉　周　千

同济大学出版社
TONGJI UNIVERSITY PRESS
·上海·

内容提要

本书是针对应用型本科院校工科专业编写的复变函数与积分变换教材，内容共分7章，包括复数与复变函数、解析函数、复变函数的积分、级数、留数及其应用、傅里叶变换、拉普拉斯变换等。本书内容叙述简洁，通俗易懂，适于自学。

本书既可作为应用型本科院校工科专业的复变函数与积分变换的教材，也可作为成人高等学校的教材，还可供工程技术人员阅读参考。

图书在版编目(CIP)数据

复变函数与积分变换 / 张惠玲主编. —2版. —上海：同济大学出版社，2023.7

ISBN 978-7-5765-0880-2

Ⅰ. ①复… Ⅱ. ①张… Ⅲ. ①复变函数—高等学校—教材②积分变换—高等学校—教材 Ⅳ. ①O174.5 ②O177.6

中国国家版本馆CIP数据核字(2023)第134050号

复变函数与积分变换(第2版)

主编 张惠玲　　副主编 杨 青 韩慧蓉 周 千

责任编辑 张崇豪 陈佳蔚　**责任校对** 徐春莲　**封面设计** 陈益平

出版发行 同济大学出版社 www.tongjipress.com.cn

(地址：上海市四平路1239号 邮编：200092 电话：021-65985622)

经 销 全国各地新华书店

印 刷 常熟市大宏印刷有限公司

开 本 787 mm×1092 mm 1/16

印 张 11.25

字 数 281 000

版 次 2023年7月第2版

印 次 2024年7月第2次印刷

书 号 ISBN 978-7-5765-0880-2

定 价 38.00元

第 2 版前言

复变函数与积分变换是运用复变函数的理论知识解决微分方程和积分方程等实际问题的一门课程，是微积分理论在复数域的推广。该课程在培养学生抽象思维能力、逻辑推理能力和科学计算能力等方面发挥着重要的作用。

本书第 1 版问世以来，得到了读者的肯定，不少读者还提出了许多有益的建议，为新版的编写打下了良好基础，我们深表感谢。本教材突出应用性，力求讲解细致、通俗易懂，把数学软件 MATLAB 引入教材，使教材使用者既能通过计算机编程学习数学知识，又不至于被繁琐的程序编写羁绊。

在改版的过程中，我们强调在知识体系完整性的基础上，概念表述力求做到准确、精炼；定理的证明推导过程尽力做到深入浅出，循序渐进；例题的选择以学生所学内容为导向，突出基本结论和方法的运用，帮助学生提高分析问题和解决问题的能力。

本书内容包括复数与复变函数，解析函数，复变函数的积分，级数，留数及其应用，傅里叶变换和拉普拉斯变换。书后附有傅里叶变换简表和拉普拉斯变换简表及习题参考答案。本书的基本教学时数不少于 48 学时，标有 * 号的内容为选学内容，需要另加学时。

参加本书编写的有韩慧蓉（第 1 章）、杨青（第 2,3,6 章）、张惠玲（第 4,5 章）、周千（第 7 章）。本书由张惠玲拟写编写大纲和最终的统稿、定稿。另外，再版过程中，李玉婷老师提出了许多宝贵的建议，在此表示衷心的感谢。

由于编者水平有限，加之时间仓促，书中错误和疏漏之处在所难免，恳请使用者批评指正。

编　者

2023 年 4 月

第 1 版前言

依据应用型本科院校教学的基本要求,结合教学改革和课程建设的需求,我们认真研究了国内同类教材并吸取他们的优点,在教学实践的基础上,编写了这本书。

在编写过程中,我们充分考虑到应用型本科院校人才培养目标的要求,在内容的表述上,将数学语言尽量做到简单、明了。为了使教师好用,学生好学,特别在以下几个方面做了一定努力:

(1) 强调概念、定理的背景分析,不追求严格的论证和推导。

(2) 精选例题、习题和复习题。每章后的习题以反映基本概念、基本运算和基本方法的题目为主,每章后的复习题以判断、选择、填空和计算等题目为主。

(3) 每章后都配有该章的内容小结,旨在帮助学生掌握基本要求,突破重点、难点。

(4) 为适应应用型本科院校学生的特点,每一章后还增加了"上机演练与实验",以提高学生利用计算机解决数学问题的能力。

全书包括复数与复变函数、解析函数、复变函数的积分、解析函数的幂级数表示法、留数及其应用、傅里叶变换、拉普拉斯变换。书后附有傅里叶变换简表和拉普拉斯变换简表及习题参考答案。

全书共 7 章,其中第 1 章由韩慧蓉编写,第 2, 3, 6 章由杨青编写,第 4,5 章由张惠玲编写,第 7 章由周千编写。全书编写大纲及框架结构安排由张惠玲承担,最后的统稿、定稿由张惠玲承担。另外,李玉婷也承担了校对工作。岳忠玉承担了本书的审稿工作并提出了许多有价值的意见。

在本书编写的过程中,参阅了其他相关同类教材,在此对这些教材的编著者表示诚挚的谢意!

本书既可作为应用型本科院校工科专业的“复变函数与积分变换”课程的教材,也可作为成人高等学校的教材,也可供科技、工程技术人员阅读参考。

由于编者水平有限,加之时间仓促,错误和疏漏之处在所难免,敬请读者批评指正。

编　者

2016年11月

目　录

第 1 章　复数与复变函数

以复数为自变量的函数是复变函数，与之相关的理论就是复变函数论．复变函数的理论在流体力学、空气动力学、弹性理论、静电场、电路理论等方面都得到了广泛的应用．本章将介绍复数、平面点集、复变函数的极限和连续等概念，为以后各章更深入地学习复变函数的理论和方法奠定基础．

1.1　复　　数

1.1.1　复数的概念

1．复数的定义

我们已经熟悉了实数域 **R**，引进虚数单位 i，规定 $\mathrm{i}^2 = -1$，则定义由实数域 **R** 添加 i 后生成的集合叫做复数域，记为 **C**．

对任意实数 x 和 y 及虚数单位 i，形如 $z = x + \mathrm{i}y$ 的数称为**复数**，其中，x 称为复数的**实部**；y 称为复数的**虚部**，记作

$$x = \mathrm{Re}\, z, \quad y = \mathrm{Im}\, z.$$

当虚部 $\mathrm{Im}(z) = 0$ 时，$z = \mathrm{Re}(z) = x$ 为实数．可见，实数是复数的一部分，复数是实数的扩充．当实部 $\mathrm{Re}\, z = 0$，而虚部 $\mathrm{Im}\, z \neq 0$ 时，z 称为**纯虚数**．

两个复数 $z_1 = x_1 + \mathrm{i}y_1$ 与 $z_2 = x_2 + \mathrm{i}y_2$ **相等**，当且仅当它们的实部和虚部分别对应相等．

2．复数的四则运算

设复数 $z_1 = x_1 + \mathrm{i}y_1$，$z_2 = x_2 + \mathrm{i}y_2$，则复数四则运算规定：

$z_1 \pm z_2 = (x_1 \pm x_2) + \mathrm{i}(y_1 \pm y_2)$；

$z_1 \cdot z_2 = (x_1x_2 - y_1y_2) + \mathrm{i}(x_1y_2 + x_2y_1)$;

$$\frac{z_1}{z_2} = \frac{x_1x_2 + y_1y_2}{x_2^2 + y_2^2} + \mathrm{i}\,\frac{x_2y_1 - x_1y_2}{x_2^2 + y_2^2} \quad (z_2 \neq 0).$$

可以证明,和实数的情形一样,复数的运算也满足交换律、结合律和分配律,即对任意复数 $z_1, z_2, z_3 \in \mathbf{C}$,有

$z_1 + z_2 = z_2 + z_1$, $z_1z_2 = z_2z_1$;

$z_1 + (z_2 + z_3) = (z_1 + z_2) + z_3$, $z_1(z_2z_3) = (z_1z_2)z_3$;

$z_1(z_2 + z_3) = z_1z_2 + z_1z_3$.

3. 复数的共轭及其性质

两个复数,当实部相等,虚部互为相反数时,称这两个复数互为**共轭复数**. 与 z 共轭的复数记作 $\bar{z}$,共轭复数具有下列性质:

(1) $\overline{z_1 \pm z_2} = \bar{z}_1 \pm \bar{z}_2$;

(2) $\overline{z_1z_2} = \bar{z}_1\bar{z}_2$;

(3) $\overline{\left(\dfrac{z_1}{z_2}\right)} = \dfrac{\bar{z}_1}{\bar{z}_2}$ $(z_2 \neq 0)$;

(4) $\bar{\bar{z}} = z$;

(5) $z\bar{z} = [\mathrm{Re}\, z]^2 + [\mathrm{Im}\, z]^2 = x^2 + y^2$;

(6) $z + \bar{z} = 2\mathrm{Re}(z)$, $z - \bar{z} = 2\mathrm{i}\,\mathrm{Im}(z)$.

注意 复数与实数不同,不全为实数的两个复数是不能比较大小的.

例 1 已知 $z = 1 + \mathrm{i}$, a, b 是实数,计算:

(1) $\omega = z^2 + 3\bar{z} - 4$; (2) 若 $\dfrac{z^2 + az + b}{z^2 - z + 1} = 1 - \mathrm{i}$,求 a, b 的值.

解 (1) $\omega = z^2 + 3\bar{z} - 4 = (1+\mathrm{i})^2 + 3(1-\mathrm{i}) - 4 = -1 - \mathrm{i}$;

(2) $$\frac{z^2 + az + b}{z^2 - z + 1} = \frac{(1+\mathrm{i})^2 + a(1+\mathrm{i}) + b}{(1+\mathrm{i})^2 - (1+\mathrm{i}) + 1} = \frac{a + b + (2+a)\mathrm{i}}{\mathrm{i}}$$
$$= (2+a) - (a+b)\mathrm{i} = 1 - \mathrm{i},$$

得

$$\begin{cases} a = -1, \\ b = 2. \end{cases}$$

1.1.2 复数的表示方法

1. 复数的点表示法

任一复数 $z = x + \mathrm{i}y$ 与一对有序实数对 (x, y) 一一对应,所以对于平面上给定的

直角坐标系，复数 $z=x+\mathrm{i}y$ 可以用点 (x, y) 来表示. 其中，x 轴称为**实轴**，y 轴(除原点) 称为**虚轴**，两轴所在平面称为**复平面**(或 z **平面**).

这样，复数与复平面上的点一一对应，并且常把"点 z" 作"数 z" 的同义词.

2. 复数的向量表示法

在复平面上，从原点 O 到点 z 的向量 $\overrightarrow{Oz}$ 与点 z 也成一一对应关系(图 1-1). 于是有：

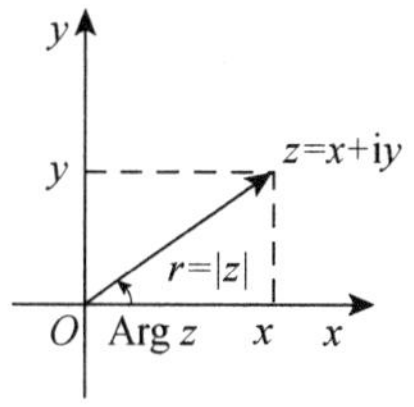

图 1-1

定义 1.1.1　向量 $\overrightarrow{Oz}$ 的长度叫做复数 z 的**模**(或**绝对值**). 记为

$$|z|=\sqrt{x^2+y^2}.$$

向量 $\overrightarrow{Oz}$ 与 x 轴正方向的夹角叫做复数的**辐角**，记为 $\operatorname{Arg} z$. 它满足

$$\tan(\operatorname{Arg} z)=\frac{y}{x}.$$

对于任一复数 $z\neq 0$，$\operatorname{Arg} z$ 有无穷多个值，其中任何两个值相差 2π 的整数倍. 规定：辐角 $\operatorname{Arg} z$ 的主值为 $\arg z$，其满足 $-\pi<\arg z\leqslant\pi$，则

$$\operatorname{Arg} z=\arg z+2k\pi\quad(z\neq 0,\ k\in z).$$

特殊地，当 $z=0$ 时，$\operatorname{Arg} z$ 不确定.

根据复数的运算法则，两个复数的加、减法运算和相应向量的加、减法运算一致. 显然，以下结论成立：

(1) $|z_1+z_2|\leqslant|z_1|+|z_2|$；

(2) $|z_1-z_2|\geqslant||z_1|-|z_2||$.

例 2　求复数 $z=\dfrac{(1+\mathrm{i})(3-\mathrm{i})}{2\mathrm{i}}$ 的模和辐角.

解　复数 $z=\dfrac{(1+\mathrm{i})(3-\mathrm{i})}{2\mathrm{i}}=\dfrac{4+2\mathrm{i}}{2\mathrm{i}}=1-2\mathrm{i}$，于是

模 $|z|=\sqrt{1^2+(-2)^2}=\sqrt{5}$，

辐角主值 $\arg z=-\arctan 2$，

辐角 $\operatorname{Arg} z=-\arctan 2+2k\pi\ (k=0, \pm 1, \pm 2, \cdots)$.

注意　辐角主值的表示较为复杂. 对任意实数 α，$\arctan\alpha\in\left(-\dfrac{\pi}{2}, \dfrac{\pi}{2}\right)$，故只有当复数 $z=x+\mathrm{i}y$ 在第一、四象限时，$\arg z=\arctan\dfrac{y}{x}$，当复数 $z=x+\mathrm{i}y$ 在第二、三

象限时，$\arg z$应分别等于 $\arctan\frac{y}{x}\pm\pi$.

3. 复数的三角表示法

复数的代数形式 $z=x+\mathrm{i}y$，由于 $x=r\cos\theta$，$y=r\sin\theta$，因此还可以表示为

$$z=r(\cos\theta+\mathrm{i}\sin\theta),$$

这种形式称为**复数 z 的三角形式**.

4. 复数的指数表示法

利用欧拉公式 $\mathrm{e}^{\mathrm{i}\theta}=\cos\theta+\mathrm{i}\sin\theta$，我们又可以得到

$$z=r\mathrm{e}^{\mathrm{i}\theta},$$

称为**复数 z 的指数形式**.

特别要指出的是，由于辐角 $\operatorname{Arg} z$ 的多值性，复数 z 的三角形式或指数形式和辐角之间并非一一对应. 通常取 $\theta=\arg z$，那么复数的模、辐角主值与复数一一对应. 即

$$z=|z|[\cos(\arg z)+\mathrm{i}\sin(\arg z)]=|z|\mathrm{e}^{\mathrm{i}\arg z}.$$

复数的各种表示法可以相互转换，以适应讨论不同问题时的需要.

例 3 将下列复数转化为三角形式、指数形式：

(1) $z=-2\sqrt{3}-2\mathrm{i}$；

(2) $z=-3\mathrm{i}$；

(3) $z=1+\sin 2\varphi+\mathrm{i}\cos 2\varphi\left(0\leqslant\varphi\leqslant\frac{\pi}{4}\right)$.

解 (1) 因为

$$r=|z|=\sqrt{(-2\sqrt{3})^2+(-2)^2}=4,$$

$$\tan\theta=\frac{y}{x}=\frac{-2}{-2\sqrt{3}}=\frac{\sqrt{3}}{3}.$$

又知点 $z(-2\sqrt{3},-2)$ 在第三象限，则 $\arg z=-\frac{5\pi}{6}$，所以 z 的三角形式为

$$z=4\left[\cos\left(-\frac{5\pi}{6}\right)+\mathrm{i}\sin\left(-\frac{5\pi}{6}\right)\right].$$

z 的指数形式为

$$z=4\mathrm{e}^{-\mathrm{i}\frac{5}{6}\pi}.$$

(2) 因为

$$r=|z|=\sqrt{(-3)^2}=3,$$
$$\cos\theta=\frac{x}{r}=0.$$

又知点 $z(0,-3)$ 在 y 轴负半轴上，则 $\arg z=-\frac{\pi}{2}$，所以 z 的三角形式为

$$z=3\left[\cos\left(-\frac{\pi}{2}\right)+\mathrm{i}\sin\left(-\frac{\pi}{2}\right)\right].$$

z 的指数形式为

$$z=3\mathrm{e}^{-\mathrm{i}\frac{\pi}{2}}.$$

(3) 因为

$$\begin{aligned} r=|z| &=\sqrt{(1+\sin 2\varphi)^2+\cos^2 2\varphi} \\ &=\sqrt{2(1+\sin 2\varphi)} \\ &=\sqrt{2(\sin\varphi+\cos\varphi)^2} \\ &=\left|\sqrt{2}(\sin\varphi+\cos\varphi)\right|, \end{aligned}$$

而 $0\leqslant\varphi\leqslant\frac{\pi}{4}$，故

$$\begin{aligned} |\sqrt{2}(\sin\varphi+\cos\varphi)| &=\left|2\left(\sin\frac{\pi}{4}\sin\varphi+\cos\frac{\pi}{4}\cos\varphi\right)\right| \\ &=2\cos\left(\frac{\pi}{4}-\varphi\right). \end{aligned}$$

又

$$\tan\theta=\frac{\cos 2\varphi}{1+\sin 2\varphi}=\tan\left(\frac{\pi}{4}-\varphi\right),$$
$$\arg z=\frac{\pi}{4}-\varphi,$$

所以 z 的三角形式为

$$z=2\cos\left(\frac{\pi}{4}-\varphi\right)\left[\cos\left(\frac{\pi}{4}-\varphi\right)+\mathrm{i}\sin\left(\frac{\pi}{4}-\varphi\right)\right].$$

z 的指数形式为

$$z=2\cos\left(\frac{\pi}{4}-\varphi\right)\mathrm{e}^{\mathrm{i}\left(\frac{\pi}{4}-\varphi\right)}.$$

1.1.3 复数的幂与方根

1. 乘积与幂

设

$$z_1 = r_1 e^{i\theta_1} = r_1(\cos\theta_1 + i\sin\theta_1),$$
$$z_2 = r_2 e^{i\theta_2} = r_2(\cos\theta_2 + i\sin\theta_2),$$

根据欧拉公式和积化和差公式，有

$$\begin{aligned} z_1 z_2 &= r_1 e^{i\theta_1} r_2 e^{i\theta_2} \\ &= r_1(\cos\theta_1 + i\sin\theta_1)\cdot r_2(\cos\theta_2 + i\sin\theta_2) \\ &= r_1 r_2[\cos(\theta_1+\theta_2) + i\sin(\theta_1+\theta_2)] \\ &= r_1 r_2 e^{i(\theta_1+\theta_2)}. \end{aligned}$$

于是

$$\begin{aligned} &|z_1\cdot z_2| = |z_1|\cdot|z_2|, \\ &\operatorname{Arg}(z_1\cdot z_2) = \operatorname{Arg} z_1 + \operatorname{Arg} z_2. \end{aligned} \tag{1-1}$$

即两个复数乘积的模等于它们模的乘积；两个复数乘积的辐角等于它们辐角之和.

由公式(1-1)，再用数学归纳法很容易证明：

$$r_1 e^{i\theta_1}\cdot r_2 e^{i\theta_2}\cdots r_n e^{i\theta_n} = r_1 r_2\cdots r_n e^{i(\theta_1+\theta_2+\cdots+\theta_n)}.$$

特殊地，

$$(re^{i\theta})^n = r^n e^{in\theta} \quad (n\text{ 为正整数}).$$

即

$$[r(\cos\theta + i\sin\theta)]^n = r^n(\cos n\theta + i\sin n\theta)\ (n\in\mathbf{N}),$$

此式称为**棣莫佛定理**.

2. 除法与方根

按照商的定义，当 $z_2\neq 0$，有

$$\begin{aligned} \frac{z_1}{z_2} &= \frac{r_1 e^{i\theta_1}}{r_2 e^{i\theta_2}} = \frac{r_1(\cos\theta_1 + i\sin\theta_1)}{r_2(\cos\theta_2 + i\sin\theta_2)} \\ &= \frac{r_1}{r_2}[\cos(\theta_1-\theta_2) + i\sin(\theta_1-\theta_2)] \\ &= \frac{r_1}{r_2}e^{i(\theta_1-\theta_2)}. \end{aligned}$$

于是

$$\left|\frac{z_1}{z_2}\right| = \frac{|z_1|}{|z_2|},$$
$$\operatorname{Arg}\left(\frac{z_1}{z_2}\right) = \operatorname{Arg} z_1 - \operatorname{Arg} z_2. \tag{1-2}$$

即两个复数的商的模等于它们模的商；两个复数商的辐角等于被除数与除数的辐角之差.

当 $z \neq 0$ 时，满足方程 $\omega^n = z$ 的解称为 z 的 n 次**方根**，即 $\omega = \sqrt[n]{z}$，则

$$\omega = \sqrt[n]{r}\left[\cos\frac{\theta + 2k\pi}{n} + \mathrm{i}\sin\frac{\theta + 2k\pi}{n}\right] \ (k = 0, 1, 2, \cdots, n-1),$$

其中，$r = |z|$，$\theta = \arg z$.

在几何上，这 n 个根是以原点为圆心，$\sqrt[n]{r}$ 为半径的圆的内接正 n 边形的顶点.

例 4　计算 $\left(\dfrac{1+\sqrt{3}\mathrm{i}}{1-\sqrt{3}\mathrm{i}}\right)^{10}$ 的值.

解　先把括号中的两个复数化为三角形式：

$$1+\sqrt{3}\mathrm{i} = 2\left(\cos\frac{\pi}{3} + \mathrm{i}\sin\frac{\pi}{3}\right),$$
$$1-\sqrt{3}\mathrm{i} = 2\left[\cos\left(-\frac{\pi}{3}\right) + \mathrm{i}\sin\left(-\frac{\pi}{3}\right)\right],$$

则

$$\begin{aligned}\left(\frac{1+\sqrt{3}\mathrm{i}}{1-\sqrt{3}\mathrm{i}}\right)^{10} &= \left[\frac{2\left(\cos\frac{\pi}{3} + \mathrm{i}\sin\frac{\pi}{3}\right)}{2\left(\cos\left(-\frac{\pi}{3}\right) + \mathrm{i}\sin\left(-\frac{\pi}{3}\right)\right)}\right]^{10} \\ &= \left[\cos\left(\frac{\pi}{3} + \frac{\pi}{3}\right) + \mathrm{i}\sin\left(\frac{\pi}{3} + \frac{\pi}{3}\right)\right]^{10} \\ &= \cos\frac{20\pi}{3} + \mathrm{i}\sin\frac{20\pi}{3} = -\frac{1}{2} + \frac{\sqrt{3}}{2}\mathrm{i}.\end{aligned}$$

例 5　求 $\sqrt[4]{1+\mathrm{i}}$ 的值.

解　因为 $1+\mathrm{i} = \sqrt{2}\left(\cos\dfrac{\pi}{4} + \mathrm{i}\sin\dfrac{\pi}{4}\right)$，

所以

$$\sqrt[4]{1+\mathrm{i}} = \sqrt[8]{2}\left(\cos\frac{\frac{\pi}{4} + 2k\pi}{4} + \mathrm{i}\sin\frac{\frac{\pi}{4} + 2k\pi}{4}\right) \ (k = 0, 1, 2, 3),$$

即有四个根

$$\omega_0=\sqrt[8]{2}\left(\cos\frac{\pi}{16}+\mathrm{i}\sin\frac{\pi}{16}\right),$$

$$\omega_1=\sqrt[8]{2}\left(\cos\frac{9\pi}{16}+\mathrm{i}\sin\frac{9\pi}{16}\right),$$

$$\omega_2=\sqrt[8]{2}\left(\cos\frac{17\pi}{16}+\mathrm{i}\sin\frac{17\pi}{16}\right),$$

$$\omega_3=\sqrt[8]{2}\left(\cos\frac{25\pi}{16}+\mathrm{i}\sin\frac{25\pi}{16}\right).$$

这四个根是以原点为中心，半径为$\sqrt[8]{2}$的圆内接正四边形的 4 个顶点.

1.1.4　复平面上的点集

1. 区域的概念

定义 1.1.2　复平面上以 z_0 为中心，以 $\delta(\delta>0)$ 为半径的圆的内部点的集合，即满足不等式

$$|z-z_0|<\delta$$

的点的集合，称为 z_0 的 **δ-邻域**，记为 $U(z_0,\delta)$.

复平面上的点集 $\{z\mid 0<|z-z_0|<\delta\}$ 称为 z_0 的**去心邻域**.

定义 1.1.3　设 E 为平面上的一个点集，若 z_0 的任意邻域都含有 E 的无穷多个点，则称 z_0 为 E 的**聚点**.

定义 1.1.4　设 E 为平面上的一个点集，$z_0\in E$ 且存在 z_0 的某一邻域包含于 E，则称 z_0 为 E 的**内点**.

定义 1.1.5　若 E 的所有点均为内点，则称 E 为**开集**. 若 E 的每个聚点都属于 E，则称 E 为**闭集**.

定义 1.1.6　平面点集 E 内任何两点都可以用完全属于 E 的一条折线连接起来，则称 E 是**连通的**.

定义 1.1.7　若非空点集 E 满足下列两个条件：

(1) E 为开集；

(2) E 是连通的，则称 E 为**区域**.

定义 1.1.8　如果一个区域 E 可以被包含在一个以原点为圆心的圆内，那么就称 E 是**有界的**，否则称 E 为**无界的**.

定义 1.1.9　若 z_0 的任意邻域内既有属于区域 E 的点，又有不属于 E 的点，则称

z_0 为 E 的边界点，E 的所有边界点组成的点集称为 E 的**边界**.

定义区域 E 加上它的边界称为**闭区域**，记为 $\bar{E}$.

常见的区域：

(1) 圆形区域：$|z-z_0|<r$ 是有界区域，闭圆：$|z-z_0|\leqslant r$（图 1-2）是有界闭区域；

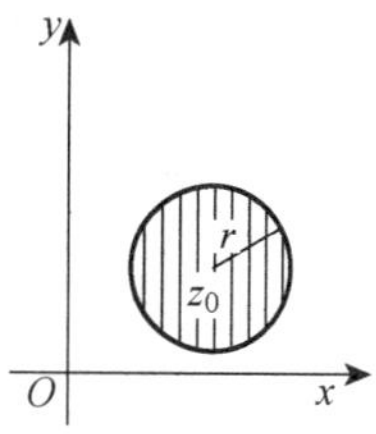

图 1-2

(2) 上半平面区域：$\mathrm{Im}(z)>0$，右半平面区域：$\mathrm{Re}(z)>0$，均为无界区域；

(3) 以原点为顶点的角形区域：$\theta_1<\arg z<\theta_2$（图 1-3）是无界区域；

(4) 带形区域：$a_1<\mathrm{Re}(z)<a_2$（图 1-4）和 $b_1<\mathrm{Im}(z)<b_2$（图 1-5）均为无界区域；

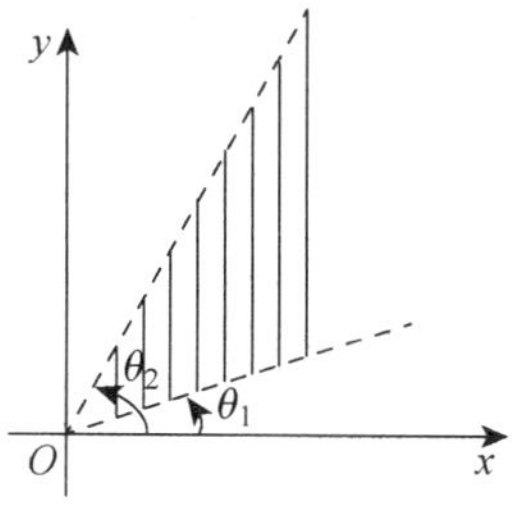

图 1-3

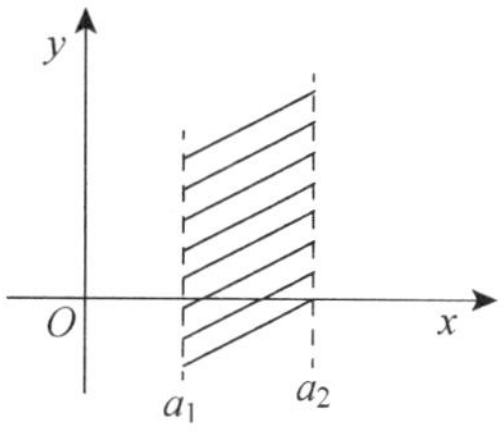

图 1-4

(5) 环形区域：$r<|z-z_0|<R$（图 1-6）是有界区域.

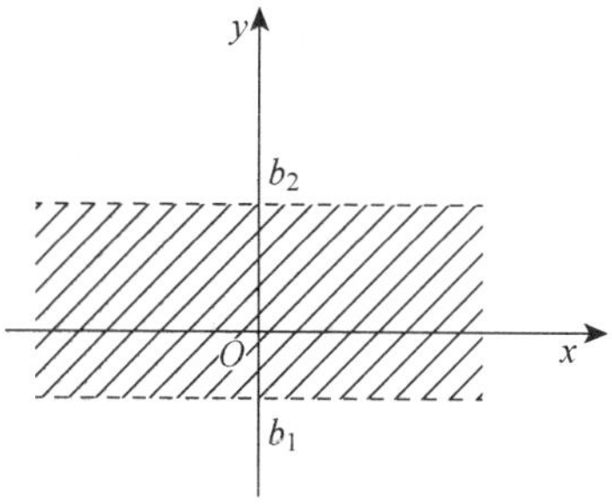

图 1-5

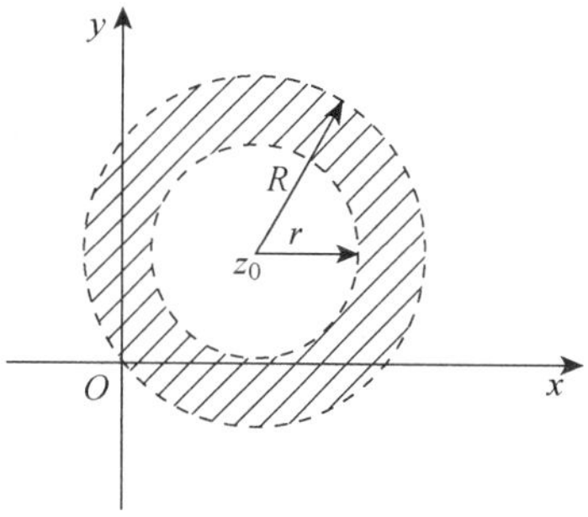

图 1-6

例 6　试说出下列式子表示怎样的图形？

(1) $|z-\mathrm{i}|\geqslant 2$；　　(2) $0<\arg z<\dfrac{\pi}{4}$.

解　(1) $|z-\mathrm{i}|\geqslant 2$ 表示以 $(0,1)$ 为圆心，以 2 为半径的圆周连同其外部区域（图 1-7）.

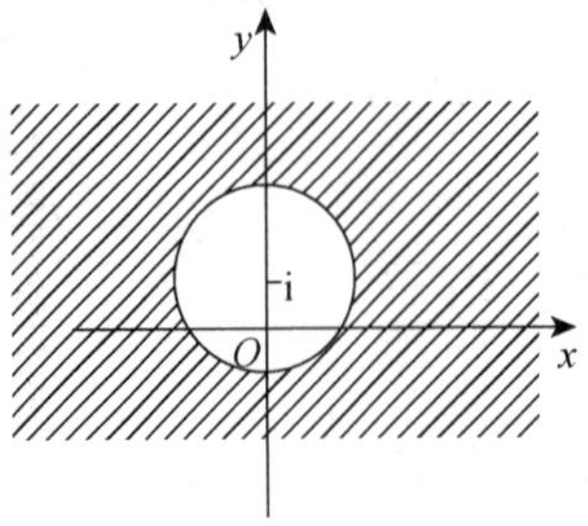

图 1-7

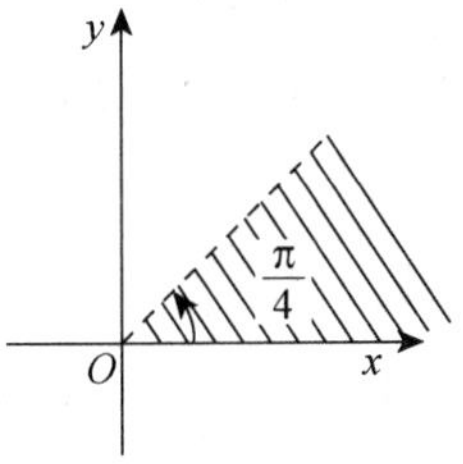

图 1-8

(2) $0 < \arg z < \frac{\pi}{4}$ 表示介于 $\arg z = 0$ 及 $\arg z = \frac{\pi}{4}$ 之间的角形区域(图 1-8).

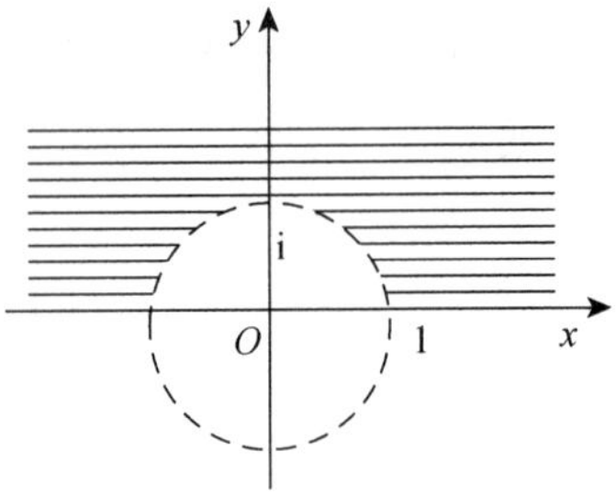

图 1-9

例 7 指出$\begin{cases}|z|>1,\\ \operatorname{Im} z>0\end{cases}$表示的区域,并指出是有界还是无界.

解 $|z|>1$ 表示复平面上以原点为圆心,以 1 为半径的圆外的点;$\operatorname{Im} z>0$ 表示上半平面,它们的公共部分为图1-9中所示的阴影,是无界的.

2. 平面曲线

定义 1.1.10 设曲线 C 的方程是 $z = z(t) = x(t) + \mathrm{i}y(t)$ $(\alpha \leqslant t \leqslant \beta)$,若 $x(t)$ 及 $y(t)$ 是两个关于实数 t 在闭区间$[\alpha, \beta]$上的连续实函数,则称曲线 C 为**连续曲线**.

例如,以坐标原点为中心,以 a 为半径的圆周是连续曲线,其参数方程为 $x = a\cos t$, $y = a\sin t\,(0 \leqslant t \leqslant 2\pi)$,写成复数形式为 $z = a(\cos t + \mathrm{i}\sin t)$ $(0 \leqslant t \leqslant 2\pi)$.

又如,平面上连接点(x_1, y_1)与(x_2, y_2)的直线段也是连续曲线,其参数方程是 $x = x_1 + t(x_2 - x_1)$, $y = y_1 + t(y_2 - y_1)$ $(0 \leqslant t \leqslant 1)$,故连接 $z_1 = x_1 + \mathrm{i}y_1$ 及 $z_2 = x_2 + \mathrm{i}y_2$ 两点的线段的参数方程为

$$z = z_1 + t(z_2 - z_1) \quad (0 \leqslant t \leqslant 1).$$

定义 1.1.11 设连续曲线 C 的方程 $z = z(t) = x(t) + \mathrm{i}y(t)$ $(\alpha \leqslant t \leqslant \beta)$, $z(\alpha)$ 及 $z(\beta)$ 分别称为 C 的起点和终点,对任意满足 $\alpha < t_1 < \beta$ 及 $\alpha \leqslant t_2 \leqslant \beta$ 的 t_1 与 t_2,若 $t_1 \neq t_2$ 时,有 $z(t_1) = z(t_2)$,则点 $z(t_1)$ 称为 C 的重点;无重点的连续曲线,称为**简单曲线(约当曲线)**;$z(\alpha) = z(\beta)$(起点和终点重合)的简单曲线称为**简单闭曲线**. 若在 $\alpha \leqslant t \leqslant \beta$ 时,$x'(t)$ 及 $y'(t)$ 存在、连续且不全为零,则称 C 为**光滑(闭)曲线**.

由定义 1.1.11 可知,简单曲线自身不相交,简单闭曲线只有起点和终点重合.

例 8　图 1-10 所示曲线为简单曲线,图 1-11 是简单闭曲线. 图 1-12 所示曲线不是简单曲线,是闭曲线,图 1-13 是不简单、不闭曲线.

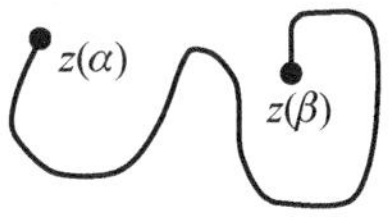

图 1-10

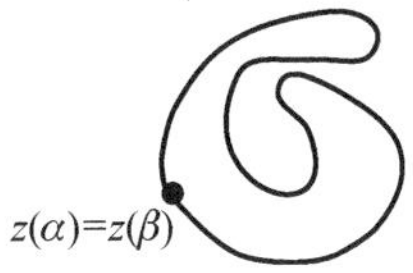

图 1-11

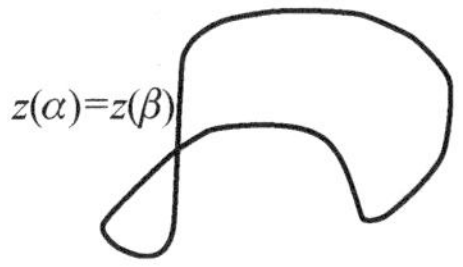

图 1-12

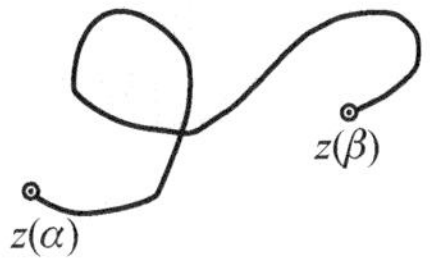

图 1-13

定义 1.1.12　由有限条光滑曲线连接而成的连续曲线称为**分段(或逐段)光滑曲线**.

定理 1.1.1　任一简单闭曲线 C 将 z 平面分为两个区域,它们都以曲线 C 为边界,其中一个为有界区域(称为 C 的内部),另一个为无界区域(称为 C 的外部).

定义 1.1.13　设 D 为复平面上的区域,若 D 内任意一条简单闭曲线的内部全含于 D,则称 D 为**单连通区域**,不是单连通的区域称为**多连通区域**.

简单地说,单连域内没有"洞",而多连域内有若干个"洞",如图 1-14 是单连通区域,图1-15 是多连通区域.

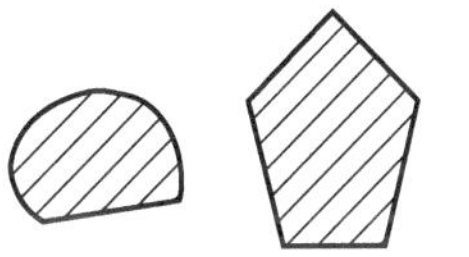

图 1-14

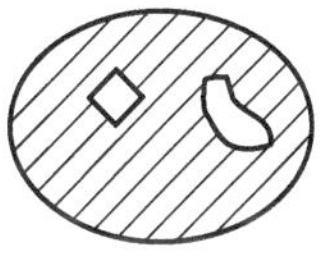

图 1-15

1.2　复变函数

1.2.1　复变函数

1. 复变函数的概念

定义 1.2.1　设 G 是一个复数集,若存在一个确定的对应法则 f,对于 G 内的每一个复数 $z=x+\mathrm{i}y$,按照这一法则,有确定的复数 $\omega=u+\mathrm{i}v$ 和它相对应,则称 ω 是复变数 z 的函数,简称为**复变函数**. 记作

$$\omega=f(z).$$

其中,u, v 是关于 x, y 的函数. G 称为函数的**定义域**,集合 $\{\omega \mid \omega = f(z), z \in G\}$ 称为函数的**值域**.

如果每一个 z 值对应着唯一的一个 ω 值,则称 $\omega = f(z)$ 是单值函数;如果每一个 z 值对应着两个或两个以上的 ω 值,则称 $\omega = f(z)$ 是多值函数. 在今后的讨论中,如无特别声明,所讨论的函数均为单值函数.

复变函数和二元实函数组之间的对应关系:

$$\omega = f(z) \Leftrightarrow u + \mathrm{i}v = f(x + \mathrm{i}y) \Leftrightarrow \begin{cases} u = u(x, y), \\ v = v(x, y). \end{cases}$$

因此,对复变函数的讨论通常可以转化为和它对应的二元实函数的讨论.

例 1 求与复变函数 $\omega = z^2 + 3z + 1$ 对应的一对二元实函数.

解 令 $z = x + \mathrm{i}y$, $\omega = u + \mathrm{i}v$,则

$$\begin{aligned} \omega = u + \mathrm{i}v &= (x + \mathrm{i}y)^2 + 3(x + \mathrm{i}y) + 1 \\ &= x^2 - y^2 + 3x + 1 + \mathrm{i}(2xy + 3y). \end{aligned}$$

从而得

$$\begin{cases} u = x^2 - y^2 + 3x + 1, \\ v = 2xy + 3y. \end{cases}$$

这就是复变函数所对应的两个二元实函数.

例 2 将定义在全平面上除去坐标原点的区域上的一对二元实函数

$$u = \frac{2x}{x^2 + y^2}, \quad v = \frac{y}{x^2 + y^2} \quad (x^2 + y^2 \neq 0)$$

化为一个复变函数.

解 令 $z = x + \mathrm{i}y$, $\omega = u + \mathrm{i}v$,则

$$\omega = u + \mathrm{i}v = \frac{2x + \mathrm{i}y}{x^2 + y^2}.$$

由于 $z = x + \mathrm{i}y$, $\bar{z} = x - \mathrm{i}y$,所以有

$$\begin{cases} x = \dfrac{1}{2}(z + \bar{z}), \\ y = \dfrac{1}{2\mathrm{i}}(z - \bar{z}). \end{cases}$$

将 $z \cdot \bar{z} = x^2 + y^2$ 代入整理,可以得到

$$\omega = \frac{3}{2\bar{z}} + \frac{1}{2z} \ (z \neq 0).$$

这就是两个二元实函数所对应的复变函数.

定义 1.2.2　设函数 $\omega = f(z)$ 的定义域为 G,值域为 G^*,那么 G^* 中的每一个点必将对应着 G 中的一个或几个点,按照函数的定义,在 G^* 上就确定了某一函数 $z = f^{-1}(\omega)$,把它称为函数 $\omega = f(z)$ 的**反函数**.

2. 复变函数的几何意义

在高等数学中,为了更加直观地研究函数的性质,经常把函数用几何图形表示出来,而这样通常会给我们很多帮助.但对于复变函数来说,因为它反映了两对变量 x, y 和 u, v 之间的对应关系,所以无法在同一平面或者同一三维空间中表示出来,而必须用到四维空间.然而,四维空间实际上并不直观,也不好理解,这就失去了想要直观表达的原意.因此,用两个复平面来表达它们的对应关系.

若用 z 平面上的点表示自变量 z 的值,而用另一平面 ω 上的点表示函数 ω 的值,那么在几何上可看做是 z 平面上的点集 G 变到 ω 平面上的点集 G^* 的映射(或变换).与点 $z \in G$ 所对应的点 $\omega \in G^*$ 称为 z 的**像点**,同时 z 就称为 ω 的**原像**,如图1-16所示.

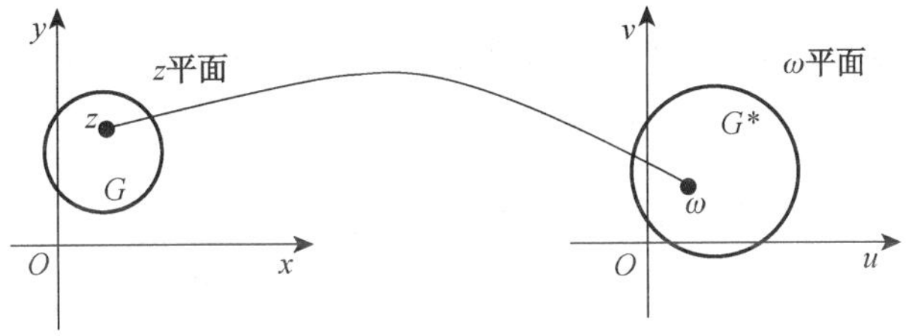

图 1-16

例 3　函数 $\omega = z^2$ 把 z 平面上点 $z = 1 + \mathrm{i}$ 对应于 ω 平面上的点 $\omega = 2\mathrm{i}$(图 1-17).

例 4　函数 $\omega = \dfrac{1}{z+1}$ 把 z 平面上曲线 $x^2 + y^2 = 1$ 对应成 ω 平面上的什么曲线?

解　将 $\begin{cases} x = \dfrac{1}{2}(z + \bar{z}), \\ y = \dfrac{1}{2\mathrm{i}}(z - \bar{z}) \end{cases}$

代入 $x^2 + y^2 = 1$ 中,得

$$\frac{1}{4}(z + \bar{z})^2 - \frac{1}{4}(z - \bar{z})^2 = 1.$$

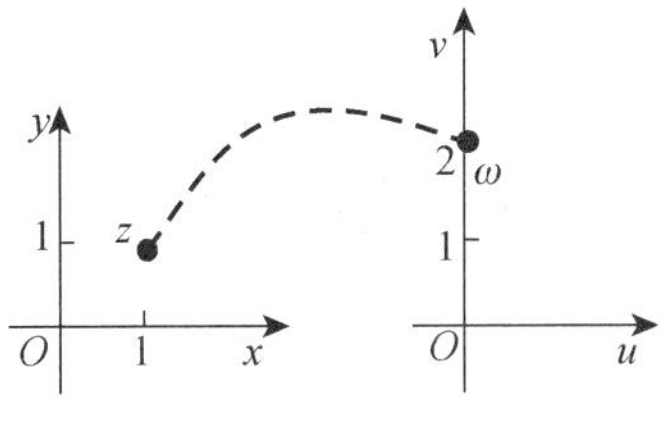

图 1-17

化简得 $z\bar{z} = 1$.

因 $\omega=\dfrac{1}{z+1}$，$z=\dfrac{1}{\omega}-1$，$\bar{z}=\dfrac{1}{\bar{\omega}}-1$，故$\left(\dfrac{1}{\omega}-1\right)\left(\dfrac{1}{\bar{\omega}}-1\right)=1$.

化简得 $\omega+\bar{\omega}=1$，令 $\omega=u+\mathrm{i}v$，得 $u=\dfrac{1}{2}$.

所以函数 $\omega=\dfrac{1}{z+1}$ 把 z 平面上圆 $x^2+y^2=1$ 对应成 ω 平面上的直线 $u=\dfrac{1}{2}$.

1.2.2 复变函数的极限和连续性

1. 函数的极限

定义 1.2.3 设 $\omega=f(z)$ 在 z_0 的空心邻域 $0<|z-z_0|<\rho$ 内有定义，若存在一复数 ω_0，使得对于 $\forall\varepsilon>0$，$\exists 0<\delta(\varepsilon)\leqslant\rho$，使得 $0<|z-z_0|<\delta$ 时，有 $|f(z)-\omega_0|<\varepsilon$，则称 ω_0 为函数 $f(z)$ 当 z 趋于 z_0 时的**极限**，记为：

$$\lim_{z\to z_0}f(z)=\omega_0 \text{ 或 } f(z)\to\omega_0\ (z\to z_0 \text{ 时}).$$

定义 1.2.3 的几何意义是：对于 $\forall\varepsilon>0$，存在相应的 $\delta>0$，使得当变量 z 进入 z_0 的充分小的空心 δ-邻域时，它们的像点 $f(z)$ 就落入 ω_0 一个(给定的)ε-邻域. 这就说明 $\lim\limits_{z\to z_0}f(z)$ 与 $z\to z_0$ 的路径无关.

可以看出，复变函数极限的定义与高等数学中一元实函数的极限定义相似，只是这里用圆形邻域代替了区间邻域. 而最大的不同点就在于 $\lim\limits_{z\to z_0}f(z)$ 与 $z\to z_0$ 的路径无关，也就是说，z 在邻域中无论从哪个方向以怎样的方式趋于 z_0，$f(z)$ 都趋于同一极限. 相比来说，一元实函数的极限 $\lim\limits_{x\to x_0}f(x)$ 中 x 只能在 x 轴上沿着 x_0 的左、右两个方向趋于 x_0，显然复变函数对极限存在的要求要严苛得多.

因为形式上的类似，容易验证复变函数的极限具有类似于实函数极限的性质：

(1) 若极限存在，则极限是唯一的.

(2) 若 $\lim\limits_{z\to z_0}f(z)=A$，$\lim\limits_{z\to z_0}g(z)=B$，则

① $\lim\limits_{z\to z_0}[f(z)\pm g(z)]=\lim\limits_{z\to z_0}f(z)\pm\lim\limits_{z\to z_0}g(z)$；

② $\lim\limits_{z\to z_0}f(z)\cdot g(z)=\lim\limits_{z\to z_0}f(z)\lim\limits_{z\to z_0}g(z)$；

③ 若 $\lim\limits_{z\to z_0}g(z)\neq 0$，$\lim\limits_{z\to z_0}\dfrac{f(z)}{g(z)}=\dfrac{\lim\limits_{z\to z_0}f(z)}{\lim\limits_{z\to z_0}g(z)}$.

关于复变函数的极限与其实部和虚部的极限有下述定理：

定理 1.2.1 设 $f(z)=u(x,y)+\mathrm{i}v(x,y)$，$A=u_0+\mathrm{i}v_0$，$z_0=x_0+\mathrm{i}y_0$，那么 $\lim\limits_{z\to z_0}f(z)=A$ 的充要条件是

$$\lim_{\substack{x \to x_0 \\ y \to y_0}} u(x, y) = u_0,$$

$$\lim_{\substack{x \to x_0 \\ y \to y_0}} v(x, y) = v_0.$$

证明 (1) 必要性:若$\lim\limits_{z \to z_0} f(z) = A$,根据极限定义,当

$$0 < |z - z_0| < \sqrt{(x - x_0)^2 + (y - y_0)^2} < \delta$$

时,有

$$|f(z) - A| = |(u + \mathrm{i}v) - (u_0 + \mathrm{i}v_0)| = \sqrt{(u - u_0)^2 + (v - v_0)^2} < \varepsilon,$$

于是,当 $0 < \sqrt{(x - x_0)^2 + (y - y_0)^2} < \delta$ 时,有

$$|u - u_0| < \varepsilon, \ |v - v_0| < \varepsilon.$$

即

$$\lim_{\substack{x \to x_0 \\ y \to y_0}} u(x, y) = u_0, \ \lim_{\substack{x \to x_0 \\ y \to y_0}} v(x, y) = v_0.$$

(2) 充分性:当$\lim\limits_{\substack{x \to x_0 \\ y \to y_0}} u(x, y) = u_0$, $\lim\limits_{\substack{x \to x_0 \\ y \to y_0}} v(x, y) = v_0$ 成立时,即有当

$$0 < \sqrt{(x - x_0)^2 + (y - y_0)^2} < \delta$$

时,就有

$$|u - u_0| < \frac{\varepsilon}{2}, \ |v - v_0| < \frac{\varepsilon}{2}.$$

于是有

$$\begin{aligned} |f(z) - A| &= |(u - u_0) + \mathrm{i}(v - \mathrm{i}v_0)| \\ &\leqslant |u - u_0| + |v - v_0| < \varepsilon, \end{aligned}$$

即

$$\lim_{z \to z_0} f(z) = A.$$

这个定理将复变函数的极限问题转化为求两个二元实函数的极限问题.

例5 函数$\omega = x^2 + y + \mathrm{i}\dfrac{x}{x^2 + y^2}$在(0, 0)处无极限,因为$v = \dfrac{x}{x^2 + y^2}$在(0, 0)处无极限.

例 6 $f(z)=\dfrac{\bar{z}}{z}$ 在 $z=0$ 有无极限?

解 $f(z)$ 的定义域是全平面除去 $z=0$ 的区域,当 $z\neq 0$ 时,令 $z=r(\cos\theta+\mathrm{i}\sin\theta)$,则

$$f(z)=\frac{\bar{z}}{z}=\frac{r(\cos\theta-\mathrm{i}\sin\theta)}{r(\cos\theta+\mathrm{i}\sin\theta)}=\cos(-2\theta)+\mathrm{i}\sin(-2\theta),$$

考虑 z 沿射线 $\arg z=\theta_0$ 趋于零,有

$$\lim_{\substack{z\to 0\\ \arg z=\theta_0}}\frac{\bar{z}}{z}=\cos(-2\theta_0)+\mathrm{i}\sin(-2\theta_0),$$

显然,当 θ_0 不同,上述极限不同,因此极限随着 θ_0 的变化而变化,不唯一,从而极限 $\lim\limits_{z\to z_0}f(z)$ 不存在.

2. 函数的连续性

定义 1.2.4 设函数 $\omega=f(z)$ 在 z_0 及其邻域有定义,并且在该点的极限等于该点的函数值,即 $\lim\limits_{z\to z_0}f(z)=f(z_0)$,那么称函数 $\omega=f(z)$ 在 z_0 处**连续**.

若 $f(z)$ 在区域 D 内处处连续,则称 $f(z)$ 在 D 内连续,或称 $f(z)$ 为 D 上的连续函数.

与高等数学中的连续函数性质相似,复变函数的连续性有如下性质:

(1) 若 $f(z)$, $g(z)$ 在点 z_0 连续,则其和、差、积、商(在商的情形,要求分母 z_0 不为零)在点 z_0 连续.

(2) 若函数 $\eta=f(z)$ 在点 z_0 连续,函数 $w=g(\eta)$ 在点 $\eta_0=f(z_0)$ 连续,则复合函数 $w=g[f(z)]$ 在点 z_0 连续.

其次,我们还有以下定理和推论.

定理 1.2.2 函数 $f(z)=u(x,y)+\mathrm{i}v(x,y)$ 在点 $z_0=x_0+\mathrm{i}y_0$ 处连续的充要条件为 $u(x,y)$ 和 $v(x,y)$ 都在点 (x_0,y_0) 处连续.

此定理表明,要判断一个复变函数 $f(z)=u(x,y)+\mathrm{i}v(x,y)$ 的连续性,只需判断 $u(x,y)$ 和 $v(x,y)$ 在点 (x_0,y_0) 处的连续性,因为实初等函数在其定义区间是连续的,所以有:

推论 1.2.1 一个复变函数的实部和虚部都是实初等函数,则它在其有定义的区域内是连续函数.

推论 1.2.2 如果 $f(z)$ 在 z_0 连续,那么 $\overline{f(z)}$ 在 z_0 处也连续.

例7　考察 $f(z)=\ln(x^2+y^2)+\dfrac{x}{y}\mathrm{i}$ 的连续性.

解　$u=\ln(x^2+y^2)$ 在除原点外的平面上处处连续，而 $v=\dfrac{x}{y}$ 在除直线 $y=0$ 外的平面上处处连续，由此可得 $f(z)=\ln(x^2+y^2)+\dfrac{x}{y}\mathrm{i}$ 在除实轴外的复平面上处处连续.

例8　求极限 $\lim\limits_{z\to 2\mathrm{i}}(z^3+3z\mathrm{i})$.

解　因为 $f(z)=z^3+3z\mathrm{i}$ 在 $z=2\mathrm{i}$ 连续，所以

$$\lim_{z\to 2\mathrm{i}}(z^3+3z\mathrm{i})=(2\mathrm{i})^3+3(2\mathrm{i})\mathrm{i}=-6-8\mathrm{i}.$$

例9　设 $f(z)=\dfrac{1}{2\mathrm{i}}\left(\dfrac{z}{\bar{z}}-\dfrac{\bar{z}}{z}\right)\ (z\neq 0)$，试证 $f(z)$ 在原点无极限，从而在原点不连续.

证　设 $z=r(\cos\theta+\mathrm{i}\sin\theta)$，则

$$f(z)=\frac{1}{2\mathrm{i}}\frac{z^2-\bar{z}^2}{z\bar{z}}=\frac{1}{2\mathrm{i}}\frac{(z+\bar{z})(z-\bar{z})}{r^2}=\sin 2\theta.$$

因此 z 沿着正实轴 $\theta=0$ 趋于零时，$\lim\limits_{z\to 0}f(z)=0$；而 z 沿着 $\theta=\dfrac{\pi}{4}$ 趋于零时，$\lim\limits_{z\to 0}f(z)=1$，故 $\lim\limits_{z\to 0}f(z)$ 不存在，从而在原点不连续.

关于复变函数的连续性，有以下结论：

(1) 多项式 $\omega=P(z)=a_0+a_1z+\cdots+a_nz^n$ 在复平面内连续，有理函数 $\omega=\dfrac{P(z)}{Q(z)}$ 在复平面内除分母不为零的点外处处连续；

(2) 若 $\lim\limits_{z\to z_0}f(z)=\omega_0$，则 $f(z)$ 在 z_0 的某一去心邻域内有界；

(3) 若 $f(z)$ 在 z_0 连续，$f(z_0)\neq 0$，则 $f(z)$ 在 z_0 的某一邻域内恒不为零.

3. 有界闭集上连续函数的性质

在有界闭集 D 上连续的复变函数具有以下性质：

(1) 在 D 上 $f(z)$ 有界，即 $\exists M>0$，使得 $|f(z)|\leqslant M(z\in D)$；

(2) $|f(z)|$ 在 D 上有最大值和最小值；

(3) $f(z)$ 在 D 上一致连续，即 $\forall\varepsilon>0$，$\exists\delta>0$ 使对 D 上任意两点 z_1，z_2，只要 $|z_1-z_2|<\delta$，就有 $|f(z_1)-f(z_2)|<\varepsilon$.

本章小结

在本章中,主要介绍了复数的概念、运算及其表示以及复变函数的概念及其极限、连续两部分内容.

本章的重点是复数的表达形式和复数的运算、复变函数及其极限、连续等概念.

需要注意的几个方面:

(1) 要理解辐角的多值性.

(2) 要熟悉复数的三角表示式和指数式,熟悉两个复数的乘积与商的辐角公式:

$$\operatorname{Arg}(z_1 \cdot z_2) = \operatorname{Arg} z_1 + \operatorname{Arg} z_2,$$

$$\operatorname{Arg}\left(\frac{z_1}{z_2}\right) = \operatorname{Arg} z_1 - \operatorname{Arg} z_2.$$

(3) 熟悉复数的向量表示、复数形式的方程表示的平面图形能解决相关的几何问题.

(4) 知道平面曲线、平面区域等相关概念,会用复数表达式表示一些常见的平面曲线和区域,或者根据给定的表达式画出它所表示的平面曲线或区域.

(5) 复变函数与极限、连续的定义与一元实函数形式上非常相似,但是有许多不同点,要注意理解和区分.

(6) 复变函数的极限、连续等问题转化为两个二元实函数的相应问题,从而说明复变函数的极限、连续的许多基本性质以及运算法则与实函数相同.

习　题　1

1. 求下列复数的实部、虚部、模、辐角主值及共轭复数:

(1) $\sqrt{3}+\mathrm{i}$;　　(2) $\dfrac{1-\mathrm{i}}{2}$;

(3) $-\mathrm{i}$;　　(4) $(1+\mathrm{i})\cdot(1-\mathrm{i})$;

(5) $\dfrac{1}{3+2\mathrm{i}}$;　　(6) $\dfrac{\mathrm{i}}{(\mathrm{i}-1)(\mathrm{i}-2)}$.

2. 当 x, y 为何实数时,等式 $\dfrac{x+1+\mathrm{i}(y-3)}{5+3\mathrm{i}} = 1+\mathrm{i}$ 成立?

3. 将下列复数化为三角表示式和指数表示式:

(1) i;　　(2) -1;

(3) $-1+\sqrt{3}\mathrm{i}$;　　(4) $r(\sin\theta+\mathrm{i}\cos\theta)$ $(r\geqslant 0)$.

4. 利用复数的三角表示式求下列各式的值:

(1) $(\sqrt{3}-\mathrm{i})^5$;　　(2) $(1+\mathrm{i})^{100}+(1-\mathrm{i})^{100}$;

(3) $\sqrt{1+\mathrm{i}}$；　　(4) $\sqrt[4]{-2+2\mathrm{i}}$.

5. 解方程 $z^3+1=0$.

6. 描述下列方程表示的曲线的形状：

(1) $|z-3|=4$；　　(2) $|z-\mathrm{i}|=|z+\mathrm{i}|$；

(3) $|z+3|+|z+1|=4$.

7. 画出下列不等式所确定的区域的图形，并指出是有界还是无界，单连通还是多连通：

(1) $2<|z|<3$；

(2) $\alpha<\arg z<\beta\ (0<\alpha<\beta<2\pi)$；

(3) $\left|\frac{1}{z}\right|<2$；

(4) $\operatorname{Im} z>1$ 且 $|z|<3$.

8. 求与复变函数 $\omega=z^2-\bar{z}$ 对应的一对二元实函数.

9. 函数 $\omega=\frac{1}{z}$ 把 z 平面上的下列曲线分别映成 ω 平面中的什么曲线？

(1) $x=1$；　　(2) $y=x$；

(3) $x^2+y^2=4$.

10. 求下列函数的极限：

(1) $\lim\limits_{z\to 1+\mathrm{i}}(z^2-2z\mathrm{i})$；　　(2) $\lim\limits_{z\to i}\frac{z(z-3\mathrm{i})}{\sin z}$；

(3) $\lim\limits_{z\to i}\frac{(z-\mathrm{i})(z-3\mathrm{i})}{\sin(z-\mathrm{i})}$；　　(4) $\lim\limits_{z\to 1}\frac{z\bar{z}+3z-\bar{z}-3}{z^2-1}$.

11. 证明 $f(z)=\frac{\operatorname{Re} z}{|z|}$ 在 $z=0$ 有无极限.

复习题 1

1. 判断下列命题的真假.

(1) $\mathrm{i}<2\mathrm{i}$.　　(　　)

(2) 零的辐角是零.　　(　　)

(3) $\begin{cases}|z|<2,\\ \operatorname{Im} z>1\end{cases}$ 表示的区域是有界的单连域.　　(　　)

(4) $z=(2-3\mathrm{i})(-2+\mathrm{i})$，辐角主值 $\arg z=-\arctan\frac{1}{8}$.　　(　　)

2. 选择题.

(1) 方程 $|z-2\mathrm{i}|+|z+2|=\sqrt{5}$ 表示的曲线是(　　).

(A) 椭圆　　(B) 双曲线

(C) 直线　　(D) 圆

(2) z 是复数,方程 $z+|\bar{z}|=2+\mathrm{i}$ 的解是(　　).

(A) $-\frac{3}{4}+\mathrm{i}$　　(B) $\frac{1}{4}+\mathrm{i}$

(C) $\frac{3}{4}+\mathrm{i}$　　(D) $\frac{3}{4}-\mathrm{i}$

(3) 设 $f(z)=1-\bar{z}$,已知 $z_1=2+3\mathrm{i}$, $z_2=5-\mathrm{i}$,则 $f(\overline{z_1-z_2})=$(　　).

(A) $-4-4\mathrm{i}$　　(B) $4-4\mathrm{i}$

(C) $4+4\mathrm{i}$　　(D) $-4+4\mathrm{i}$

(4) 函数 $f(z)=u(x, y)+\mathrm{i}v(x, y)$ 在点 $z_0=x_0+\mathrm{i}y_0$ 处连续的充要条件为(　　).

(A) $u(x, y)$ 在点 (x_0, y_0) 处连续

(B) $v(x, y)$ 在点 (x_0, y_0) 处连续

(C) $u(x, y)$ 和 $v(x, y)$ 在点 (x_0, y_0) 处连续

(D) $u(x, y)+v(x, y)$ 在点 (x_0, y_0) 处连续

3. 求下列复数的实部、虚部、模与辐角主值.

(1) $-1+\sqrt{3}\mathrm{i}$;　　(2) $\frac{(1+\mathrm{i})^2}{2}$;

(3) $(\sqrt{3}+\mathrm{i})^{-3}$;　　(4) $\frac{1-2\mathrm{i}}{3-4\mathrm{i}}-\frac{2-\mathrm{i}}{5\mathrm{i}}$.

4. 已知 $z=\frac{(3+4\mathrm{i})^{\frac{1}{2}}(-1+\mathrm{i})^{12}}{(2\mathrm{i})^5(1+2\mathrm{i})}$,计算 $|z|$.

5. 将直线方程 $x+3y=2$ 化为复数表示形式.

6. 证明:$|z_1+z_2|^2+|z_1-z_2|^2=2(|z_1|^2+|z_2|^2)$,并说明其几何意义.

7. 下列关系中表示的 z 点的轨迹是什么,并做出相应的图形,如果是区域,指出是有界还是无界,是单连域还是多连域.

(1) $|z-i|=2$;

(2) $\mathrm{Im}(\mathrm{i}+\bar{z})=4$;

(3) $|z|\leqslant|z-4|$;

(4) $2\leqslant|z|\leqslant 4$;

(5) $\mathrm{Im}\, z>1$ 且 $|z|<2$;

(6) $|z|<2$ 且 $0<\arg z<\frac{\pi}{4}$.

8. 求方程 $z^3+8=0$ 的所有复数根.

9. 已知映射 $\omega=z^3$,求对应的一对二元实函数,并分别求点 $z_1=\mathrm{i}$, $z_2=1+\mathrm{i}$, $z_3=\sqrt{3}+\mathrm{i}$ 在 ω 平面上的像.

10. 设 $f(z)=\frac{1}{2\mathrm{i}}\left(\frac{z}{\bar{z}}-\frac{\bar{z}}{z}\right)(z\neq 0)$,试证 $f(z)$ 在原点无极限,从而在原点不连续.

上机演练与实验

实验 1　用 MATLAB 求复变函数的极限

(1) 实验类型:验证性.

(2) 实验类别:基础实验.

(3) 实验学时数:1 学时.

(4) 实验目的:

① 熟悉 MATLAB 基本命令与操作;

② 掌握 MATLAB 求复变函数的极限.

(5) 实验内容:用函数 limit 求复变函数的极限.

函数:limit

格式

【MATLAB 源程序】

```
syms z;
f=;
limit(f,z,z0)        %函数 f 在 z0 处的极限
```

例 1　求 $f(z)=\frac{z\mathrm{e}^z}{\sin z}$ 在 $z=0$ 的极限.

【MATLAB 源程序】

解
```
syms z;
f=z*exp(z)/(sin(z))
limit(f,z,0)
ans=
1
```

例 2　求 $f(z)=\frac{z}{\sin z}$ 在 $z=0$ 和 $z=1+\mathrm{i}$ 的极限.

【MATLAB 源程序】

解
```
syms z;
f=z/(sin(z))
limit(f,z,0)
ans =
```

```
        1
limit(f,z,1+i)
ans =
        1/2 * sin(1) * cosh(1)-1/2 * i * sin(1) * cosh(1)
        +1/2 * i * cos(1) * sinh(1)+1/2 * cos(1) * sinh(1)
```

第 2 章　解 析 函 数

解析函数是复变函数研究的主要对象,在理论和实际问题中有广泛的应用.本章在介绍复变函数导数概念和求导法则的基础上,着重讲解解析函数的概念、判别方法及其重要性质.接着,讨论解析函数与调和函数的关系.最后,介绍一些常用的初等函数的定义和性质.

2.1　解 析 函 数

2.1.1　复变函数的导数

1. 复变函数的导数和微分

定义 2.1.1　设函数 $\omega = f(z)$ 在 z_0 的某邻域内有定义,当自变量 z 在 z_0 处有改变量 Δz 时,相应的函数有改变量 $\Delta\omega = f(z_0 + \Delta z) - f(z_0)$. 如果极限

$$\lim_{\Delta z \to 0} \frac{\Delta\omega}{\Delta z} = \lim_{\Delta z \to 0} \frac{f(z_0 + \Delta z) - f(z_0)}{\Delta z}$$

存在,则称函数 $f(z)$ 在 z_0 处**可导**,并称此极限值为 $f(z)$ 在 z_0 处的**导数**,记作

$$f'(z_0) \text{ 或 } \left.\frac{\mathrm{d}\omega}{\mathrm{d}z}\right|_{z=z_0} \text{ 或 } \left.\frac{\mathrm{d}f(z)}{\mathrm{d}z}\right|_{z=z_0}.$$

如果 $\omega = f(z)$ 在区域 D 内每一点都可导,则称 $f(z)$ 在 D 内处处可导,$f'(z)$ 是 $f(z)$ 在 D 内的**导函数**,此时

$$f'(z) = \lim_{\Delta z \to 0} \frac{f(z + \Delta z) - f(z)}{\Delta z}.$$

定义 2.1.2　设函数 $\omega = f(z)$ 在 z_0 的某邻域内有定义,当自变量 z 在 z_0 处有

改变量 Δz 时,相应的函数有改变量 $\Delta\omega = f(z_0+\Delta z) - f(z_0)$. 如果

$$\Delta\omega = f(z_0+\Delta z) - f(z_0) = A\Delta z + \rho\Delta z,$$

其中,A 是复常数,$\lim\limits_{\Delta z\to 0}\rho = 0$,则称函数 $\omega = f(z)$ 在 z_0 处**可微**,$A\Delta z$ 称为 $\omega = f(z)$ 在 z_0 处的**微分**,记作 $\mathrm{d}\omega = A\cdot\Delta z$. 如果 $\omega = f(z)$ 在区域 D 内处处可微,则称 $f(z)$ 在 D 内**可微**.

类似于实变函数,复变函数 $\omega = f(z)$ 在 z_0 处可导与可微是等价的,并且

$$\mathrm{d}\omega\,|_{z=z_0} = f'(z_0)\Delta z = f'(z_0)\mathrm{d}z.$$

例 1 求 $f(z) = z^2$ 的导函数.

解 在任意 z 处,

$$f'(z) = \lim_{\Delta z\to 0}\frac{f(z+\Delta z) - f(z)}{\Delta z} = \lim_{\Delta z\to 0}\frac{(z+\Delta z)^2 - z^2}{\Delta z}$$
$$= \lim_{\Delta z\to 0}(2z+\Delta z) = 2z.$$

所以 $f'(z) = 2z$.

2. 复变函数的求导法则

由于复变函数中导数的定义与实变函数中导数的定义形式上完全相同,而且复变函数中极限运算法则也和实变函数中的一样,因而实变函数中导数的求导法则在复变函数中也完全适用.

复变函数的求导法则:

(1) $[f_1(z) \pm f_2(z)]' = f_1'(z) \pm f_2'(z)$;

(2) $[f_1(z)\cdot f_2(z)]' = f_1'(z)f_2(z) + f_1(z)f_2'(z)$;

(3) $\left[\dfrac{f_1(z)}{f_2(z)}\right]' = \dfrac{f_1'(z)f_2(z) - f_1(z)f_2'(z)}{[f_2(z)]^2}\quad (f_2(z)\neq 0)$;

(4) $\{f[g(z)]\}' = f'(\omega)g'(z)$,其中 $\omega = g(z)$;

(5) $f'(z) = \dfrac{1}{\varphi'(\omega)}$,其中 $\omega = f(z)$ 和 $z = \varphi(\omega)$ 是两个互为反函数的单值函数,且 $\varphi'(\omega)\neq 0$.

此外,用导数定义很容易证明:

(1) $(c)' = 0$,其中 c 为复常数;

(2) $(z^n)' = nz^{n-1}$,其中 n 为正整数.

复变函数的求导公式与一元实变函数的求导公式类似,这里不再一一罗列.

例 2　求 $\left(\dfrac{2z}{1+z^2}\right)'$.

解　在 $z\neq\pm\mathrm{i}$ 处，

$$\left(\frac{2z}{1+z^2}\right)'=\frac{(2z)'(1+z^2)-2z(1+z^2)'}{(1+z^2)^2}=\frac{2(1+z^2)-2z\cdot 2z}{(1+z^2)^2}$$

$$=\frac{2(1-z^2)}{(1+z^2)^2}.$$

例 3　求 $\omega=\sin z^2$ 的导数.

解　$(\sin z^2)'=\cos z^2\cdot(z^2)'=2z\cos z^2$.

3. 复变函数的可导性与连续性的关系

定理 2.1.1　复变函数 $\omega=f(z)$ 在点 z_0 处可导，则函数 $\omega=f(z)$ 在点 z_0 处连续.

证明　$\omega=f(z)$ 在 $z_0\in D$ 内可导，则

$$\Delta\omega=f(z_0+\Delta z)-f(z_0)=f'(z_0)\Delta z+o(\Delta z).$$

因为 $\lim\limits_{\Delta z\to 0}\Delta\omega=0$，所以函数 $\omega=f(z)$ 在点 z_0 处连续.

注意　函数在该点连续却不一定可导，例如 $f(z)=\bar{z}$ 在复平面上处处连续，但处处不可导. 这样的函数在实函数中不容易构造，但在复变函数中很常见，如下面的例子.

例 4　设 $f(z)=2x+\mathrm{i}y$，证明：$f(z)$ 在复平面上处处连续，但处处不可导.

证明　设复平面内任取一点 $z=x+\mathrm{i}y$，$\Delta z=\Delta x+\mathrm{i}\Delta y$，则

$$\lim_{\Delta z\to 0}\frac{f(z+\Delta z)-f(z)}{\Delta z}=\lim_{\substack{\Delta x\to 0\\ \Delta y\to 0}}\frac{2(x+\Delta x)+\mathrm{i}(y+\Delta y)-2x-\mathrm{i}y}{\Delta x+\mathrm{i}\Delta y}$$

$$=\lim_{\substack{\Delta x\to 0\\ \Delta y\to 0}}\frac{2\Delta x+\mathrm{i}\Delta y}{\Delta x+\mathrm{i}\Delta y}.$$

显然，当 $(\Delta x,\ \Delta y)$ 沿 x 轴趋于点 $(0,\ 0)$ 时，$\lim\limits_{\substack{\Delta x\to 0\\ \Delta y=0}}\dfrac{2\Delta x+\mathrm{i}\Delta y}{\Delta x+\mathrm{i}\Delta y}=\lim\limits_{\substack{\Delta x\to 0\\ \Delta y=0}}\dfrac{2\Delta x}{\Delta x}=2$；

当 $(\Delta x,\ \Delta y)$ 沿 y 轴趋于点 $(0,\ 0)$ 时，$\lim\limits_{\substack{\Delta x=0\\ \Delta y\to 0}}\dfrac{2\Delta x+\mathrm{i}\Delta y}{\Delta x+\mathrm{i}\Delta y}=\lim\limits_{\substack{\Delta x=0\\ \Delta y\to 0}}\dfrac{\mathrm{i}\Delta y}{\mathrm{i}\Delta y}=1$.

所以 $f(z)=2x+\mathrm{i}y$ 在点 z 不可导.

由于点 z 的任意性，可得 $f(z)$ 在复平面内处处不可导.

而 $f(z)$ 的实部和虚部都是初等函数，所以在整个复平面上处处连续.

2.1.2　解析函数的概念

定义 2.1.3　如果函数 $f(z)$ 在点 z_0 处及 z_0 的某个邻域内处处可导，那么称

$f(z)$ 在点 z_0 处**解析**；如果函数 $f(z)$ 在区域 D 内每一点解析，那么就称 $f(z)$ 在 D **内解析**，或称 $f(z)$ 是 D 内的一个**解析函数**（全纯函数或正则函数）.

总之，凡是说到函数解析，是指函数在某个区域上处处有导数. 解析性不是函数在一个孤立点上的性质，而是函数在一个区域内的性质.

定义 2.1.4 如果 $f(z)$ 在点 z_0 处不解析，那么称 z_0 为 $f(z)$ 的**奇点**.

函数的奇点包含以下几种情形：

(1) 函数 $f(z)$ 在 z_0 的某空心邻域内处处有定义，但在 z_0 处无定义；

(2) 函数 $f(z)$ 在 z_0 处有定义，但是不可导；

(3) 函数 $f(z)$ 在 z_0 处可导，但是在 z_0 的任意邻域内总有不可导的点.

由定义 2.1.3 可知：函数在区域内解析和在区域内可导是等价的. 但是，函数在一点解析和在该点可导是不同的，也就是说，函数在某点解析，则在该点一定可导；反过来函数在某一点可导，在该点不一定解析，因为解析不仅要求函数在这一点可导，还要求在该点的某邻域内也可导.

注意 (1) 复变函数解析、可导（可微）与连续有下述关系：

$f(z)$ 在区域 D 内解析 $\Leftrightarrow f(z)$ 在区域 D 内可导（可微）$\Rightarrow f(z)$ 在区域 D 内连续；

$f(z)$ 在点 z_0 解析 $\Rightarrow f(z)$ 在点 z_0 可导（可微）$\Rightarrow f(z)$ 在点 z_0 连续.

(2) 解析函数的求导方法、公式与一元实函数求导方法、公式相同.

例 5 判断下列函数是否可导，是否解析？

(1) $f(z) = z^2$； (2) $f(z) = \dfrac{1}{z}$.

解 如果能用求导公式与求导法则证实函数 $f(z)$ 的导数在区域 D 内处处存在，那么根据解析函数的定义能确定 $f(z)$ 在区域 D 内解析.

(1) 对于任意 z，$(z^2)' = 2z$，所以 $f(z)$ 在复平面上处处可导，处处解析.

(2) 当 $z \neq 0$ 时，$\left(\dfrac{1}{z}\right)' = -\dfrac{1}{z^2}$，所以 $f(z)$ 在 $z=0$ 处不可导，不解析. $z=0$ 是它的奇点，而在除 $z=0$ 外复平面上处处可导，处处解析.

由解析性的定义和求导法则可推知：

定理 2.1.2 两个解析函数的和、差、积、商（分母不为零）仍为解析函数；解析函数的复合函数仍是解析函数.

由此得两个重要结论：

(1) 所有多项式 $P(z) = \alpha_0 + \alpha_1 z + \alpha_2 z^2 + \cdots + \alpha_n z^n$ 在复平面上处处解析；

(2) 所有有理分式 $\dfrac{P(z)}{Q(z)} = \dfrac{\alpha_0 + \alpha_1 z + \alpha_2 z^2 + \cdots + \alpha_n z^n}{\beta_0 + \beta_1 z + \beta_2 z^2 + \cdots + \beta_n z^n}$ 在复平面上除去分母为

零的点是解析函数.

判断一个函数是否解析,如果根据解析函数的定义,往往比较困难,下面给出判断函数解析的充要条件.

2.1.3 函数解析的充要条件

定理 2.1.3 设函数 $f(z)=u(x, y)+\mathrm{i}v(x, y)$ 在区域 D 内有定义. 那么 $f(z)$ 在 D 内一点 $z=x+\mathrm{i}y$ 处可导(可微)的**充要条件**是: $u(x, y)$ 和 $v(x, y)$ 在点 (x, y) 处可微,且满足柯西-黎曼(Cauchy-Riemann)方程(简称 C-R 方程):

$$\frac{\partial u}{\partial x}=\frac{\partial v}{\partial y}, \frac{\partial u}{\partial y}=-\frac{\partial v}{\partial x}.$$

证明 必要性. 设 $f(z)=u(x, y)+\mathrm{i}v(x, y)$ 在 D 内一点 $z=x+\mathrm{i}y$ 处可导,且设 $f'(z)=a+\mathrm{i}b$,则有

$$f(z+\Delta z)-f(z)=f'(z)\Delta z+\rho(\Delta z)\Delta z \quad (\lim_{\Delta z\to 0}\rho(\Delta z)=0),$$

$$f(z+\Delta z)-f(z)=\Delta u+\mathrm{i}\Delta v, \quad \rho(\Delta z)=\rho_1+\mathrm{i}\rho_2,$$

则有

$$\begin{aligned}\Delta u+\mathrm{i}\Delta v &= (a+\mathrm{i}b)(\Delta x+\mathrm{i}\Delta y)+(\rho_1+\mathrm{i}\rho_2)(\Delta x+\mathrm{i}\Delta y)\\ &= (a\Delta x-b\Delta y+\rho_1\Delta x-\rho_2\Delta y)+\mathrm{i}(b\Delta x+a\Delta y+\rho_2\Delta x+\rho_1\Delta y),\end{aligned}$$

从而

$$\Delta u=a\Delta x-b\Delta y+\rho_1\Delta x-\rho_2\Delta y,$$

$$\Delta v=b\Delta x+a\Delta y+\rho_2\Delta x+\rho_1\Delta y.$$

又因

$$\lim_{\Delta z\to 0}\rho(\Delta z)=0, \text{有} \lim_{\substack{\Delta x\to 0\\ \Delta y\to 0}}\rho_1=\lim_{\substack{\Delta x\to 0\\ \Delta y\to 0}}\rho_2=0.$$

因此,由微积分中二元函数可微的定义知, $u(x, y)$, $v(x, y)$ 都在点 (x, y) 处可微,且有

$$a=\frac{\partial u}{\partial x}=\frac{\partial v}{\partial y}, \quad -b=\frac{\partial u}{\partial y}=-\frac{\partial v}{\partial x} \quad (\text{C-R 方程}).$$

充分性. 设 $u(x, y)$ 和 $v(x, y)$ 在点 (x, y) 处可微,且满足 C-R 方程:

$$\frac{\partial u}{\partial x}=\frac{\partial v}{\partial y}, \quad \frac{\partial u}{\partial y}=-\frac{\partial v}{\partial x}.$$

于是

$$\Delta u = u'_x(x, y)\Delta x + u'_y(x, y)\Delta y + o(\sqrt{(\Delta x)^2 + (\Delta y)^2}),$$

$$\begin{aligned}\Delta v &= v'_x(x, y)\Delta x + v'_y(x, y)\Delta y + o(\sqrt{(\Delta x)^2 + (\Delta y)^2}) \\ &= - u'_y(x, y)\Delta x + u'_x(x, y)\Delta y + o(\sqrt{(\Delta x)^2 + (\Delta y)^2}),\end{aligned}$$

而

$$\begin{aligned}f(z+\Delta z) - f(z) &= \Delta u + \mathrm{i}\Delta v \\ &= [u'_x(x, y) - \mathrm{i}u'_y(x, y)](\Delta x + \mathrm{i}\Delta y) + o(\sqrt{(\Delta x)^2 + (\Delta y)^2}) \\ &= [u'_x(x, y) + \mathrm{i}v'_x(x, y)]\Delta z + o(|\Delta z|),\end{aligned}$$

所以

$$\lim_{\Delta z \to 0} \frac{f(z+\Delta z) - f(z)}{\Delta z} = u'_x(x, y) + \mathrm{i}v'_x(x, y),$$

即 $f(z)$ 在点 $z = x + \mathrm{i}y$ 处可导.

推论 2.1.1　函数 $f(z) = u(x, y) + \mathrm{i}v(x, y)$ 在点 $z = x + \mathrm{i}y$ 处可导,则在点 $z = x + \mathrm{i}y$ 处的导数为

$$f'(z) = \frac{\partial u}{\partial x} + \mathrm{i}\frac{\partial v}{\partial x} = \frac{\partial v}{\partial y} - \mathrm{i}\frac{\partial u}{\partial y}.$$

把函数 $f(z)$ 在一点处可导改为在区域 D 内每一点都可导,就得到函数 $f(z)$ 在区域 D 内解析的充要条件.

定理 2.1.4　函数 $f(z) = u(x, y) + \mathrm{i}v(x, y)$ 在区域 D 内解析的充要条件是:$u(x, y)$ 和 $v(x, y)$ 在 D 内可微,而且满足 C-R 方程:

$$\frac{\partial u}{\partial x} = \frac{\partial v}{\partial y}, \quad \frac{\partial u}{\partial y} = -\frac{\partial v}{\partial x}.$$

推论 2.1.2　设函数 $f(z) = u(x, y) + \mathrm{i}v(x, y)$ 在区域 D 内有定义,如果 $u(x, y)$ 和 $v(x, y)$ 在区域 D 内的一阶偏导数存在且连续,并且满足 C-R 方程,那么 $f(z)$ 在区域 D 内解析(可导).

例 6　判断下列函数的可导性和解析性,若是解析函数,求出其导数.

(1) $\omega = \bar{z}$;　　(2) $f(z) = \mathrm{e}^x(\cos y + \mathrm{i}\sin y)$;

(3) $f(z) = x^3 - y^3 + \mathrm{i}2x^2y^2$.

解　(1) 由题知:$u = u(x, y) = x$, $v = v(x, y) = -y$,则

$$\frac{\partial u}{\partial x}=1,\quad \frac{\partial u}{\partial y}=0,$$

$$\frac{\partial v}{\partial x}=0,\quad \frac{\partial v}{\partial y}=-1.$$

显然不满足 C-R 方程,因而 $\omega=\bar{z}$ 在复平面上处处不可导,处处不解析.

(2) 由题知:$u=\mathrm{e}^x\cos y,\quad v=\mathrm{e}^x\sin y$,则

$$\frac{\partial u}{\partial x}=\mathrm{e}^x\cos y,\quad \frac{\partial u}{\partial y}=-\mathrm{e}^x\sin y,$$

$$\frac{\partial v}{\partial x}=\mathrm{e}^x\sin y,\quad \frac{\partial v}{\partial y}=\mathrm{e}^x\cos y.$$

从而有$\frac{\partial u}{\partial x}=\frac{\partial v}{\partial y},\frac{\partial u}{\partial y}=-\frac{\partial v}{\partial x}$,并且上面四个一阶偏导数在复平面上处处连续,由推论 2.1.2 知,$f(z)$ 在复平面上处处可导,处处解析.

其导函数为

$$\begin{aligned}f'(z)&=\frac{\partial u}{\partial x}+\mathrm{i}\frac{\partial v}{\partial x}=\mathrm{e}^x\cos y+\mathrm{i}\mathrm{e}^x\sin y\\&=\mathrm{e}^x(\cos y+\mathrm{i}\sin y)=f(z).\end{aligned}$$

这个函数的特点在于它的导数是其本身,称为指数函数.

(3) 由题知,$u=x^3-y^3,\ v=2x^2y^2$,则

$$\frac{\partial u}{\partial x}=3x^2,\quad \frac{\partial u}{\partial y}=-3y^2,$$

$$\frac{\partial v}{\partial x}=4xy^2,\quad \frac{\partial v}{\partial y}=4x^2y.$$

显然这四个偏导数处处连续,但要满足柯西-黎曼方程,还需$\begin{cases}3x^2=4x^2y,\\-3y^2=-4xy^2\end{cases}$成立.

解之得:只有在 $x=y=0$ 和 $x=y=\frac{3}{4}$ 时才成立.

所以函数在复平面内不解析,仅在 $z=0$ 和 $z=\frac{3}{4}+\mathrm{i}\frac{3}{4}$ 两点处可导,其导数分别为

$$f'(0)=3\times0^2+\mathrm{i}\cdot4\times0\times0^2=0;$$

$$f'\left(\frac{3}{4}+\mathrm{i}\frac{3}{4}\right)=3\times\left(\frac{3}{4}\right)^2+\mathrm{i}\cdot4\times\frac{3}{4}\times\left(\frac{3}{4}\right)^2=\frac{27}{16}(1+\mathrm{i}).$$

例 7 设函数 $f(z)$ 在区域 D 内解析，且满足下列条件之一，试证 $f(z)$ 在区域 D 内是一个常数：

(1) 在 D 内每一点 z 处都有 $f'(z)=0$；

(2) $\mathrm{Re}f(z)$ 或 $\mathrm{Im}f(z)$ 在 D 内是一个常数；

(3) $|f(z)|$ 在 D 内为常数；

(4) $\overline{f(z)}$ 在 D 内解析.

证明 (1) $f(z)=u+\mathrm{i}v$, $f'(z)=\dfrac{\partial u}{\partial x}+\mathrm{i}\dfrac{\partial v}{\partial x}=\dfrac{\partial v}{\partial y}-\mathrm{i}\dfrac{\partial u}{\partial y}\equiv 0$，因此

$$\frac{\partial u}{\partial x}=\frac{\partial v}{\partial y}=\frac{\partial v}{\partial x}=\frac{\partial u}{\partial y}\equiv 0,$$

所以 u, v 均为常数，即 $f(z)$ 在 D 内是常数.

(2) 若 $\mathrm{Re}f(z)=u$ 在 D 内是一个常数，由 C-R 方程可知，

$$\frac{\partial u}{\partial x}=\frac{\partial v}{\partial y}=0, \quad \frac{\partial v}{\partial x}=-\frac{\partial u}{\partial y}=0,$$

因此，v 在 D 内也是常数，从而 $f(z)$ 在 D 内是常数.

同理可证，若 $\mathrm{Im}f(z)$ 是常数，则 $f(z)$ 在 D 内也是常数.

(3) $|f(z)|$ 在 D 内为常数，即 $|f(z)|^2=u^2+v^2=c$ (c 为复常数).

若 $c=0$，则 $u=0$, $v=0$，所以 $f(z)=0$，结论成立.

若 $c\neq 0$，在 $u^2+v^2=c$ 的两边分别对 x, y 求一阶偏导数，得

$$2u\frac{\partial u}{\partial x}+2v\frac{\partial v}{\partial x}=0, \quad 2u\frac{\partial u}{\partial y}+2v\frac{\partial v}{\partial y}=0.$$

又因 $f(z)$ 在区域 D 内解析知，满足 C-R 方程：

$$\frac{\partial u}{\partial x}=\frac{\partial v}{\partial y}, \quad \frac{\partial u}{\partial y}=-\frac{\partial v}{\partial x}.$$

以上四个方程联立，得

$$\frac{\partial u}{\partial x}=0, \frac{\partial v}{\partial y}=0, \quad \frac{\partial v}{\partial x}=0, \frac{\partial u}{\partial y}=0,$$

故 $f(z)$ 在 D 内是常数.

(4) 因为 $f(z)=u+\mathrm{i}v$, $\overline{f(z)}=u-\mathrm{i}v$ 均在区域 D 内解析，所以两组 C-R 方程分别为

$$\frac{\partial u}{\partial x}=\frac{\partial v}{\partial y},\quad \frac{\partial u}{\partial y}=-\frac{\partial v}{\partial x},$$

$$\frac{\partial u}{\partial x}=\frac{\partial(-v)}{\partial y}=-\frac{\partial v}{\partial y},$$

$$\frac{\partial u}{\partial y}=-\frac{\partial(-v)}{\partial x}=\frac{\partial v}{\partial x}.$$

上述四个方程联立,得

$$\frac{\partial u}{\partial x}=\frac{\partial v}{\partial y}=\frac{\partial v}{\partial x}=\frac{\partial u}{\partial y}=0.$$

故 $f(z)$ 在 D 内是常数.

*2.2 解析函数与调和函数的关系

定义 2.2.1 如果二元实变函数 $\varphi(x,\ y)$ 在区域 D 内具有二阶连续偏导数并且满足拉普拉斯方程

$$\frac{\partial^2\varphi}{\partial x^2}+\frac{\partial^2\varphi}{\partial y^2}=0,$$

那么称函数 $\varphi(x,\ y)$ 为区域 D 内的**调和函数**.

调和函数在诸如流体力学和电磁场理论等实际问题中都有重要的应用.

定理 2.2.1 任何在区域 D 内解析的函数,它的实部和虚部都是 D 内的调和函数.

证明 令 $f(z)=u+\mathrm{i}v$ 在 D 内解析,满足 C-R 方程:$\frac{\partial u}{\partial x}=\frac{\partial v}{\partial y},\ \frac{\partial u}{\partial y}=-\frac{\partial v}{\partial x}$.

由于解析函数的导函数仍为解析函数,因此,解析函数的实部与虚部具有任意阶的连续偏导数,从而有

$$\frac{\partial^2 u}{\partial x^2}=\frac{\partial^2 v}{\partial y\partial x},\quad \frac{\partial^2 u}{\partial y^2}=-\frac{\partial^2 v}{\partial x\partial y}.$$

$$\frac{\partial^2 u}{\partial x\partial y}=\frac{\partial^2 v}{\partial y^2},\quad -\frac{\partial^2 u}{\partial y\partial x}=\frac{\partial^2 v}{\partial x^2},$$

所以

$$\frac{\partial^2 u}{\partial x^2}+\frac{\partial^2 u}{\partial y^2}=0,\quad \frac{\partial^2 v}{\partial x^2}+\frac{\partial^2 v}{\partial y^2}=0,$$

即 $u(x, y)$ 和 $v(x, y)$ 都是 D 内的调和函数.

注意 定理反过来不成立,即若 $u(x, y)$ 和 $v(x, y)$ 都是区域 D 内的调和函数,但 $f(z)=u+\mathrm{i}v$ 不一定在区域 D 内解析,这是因为 $u(x, y)$ 和 $v(x, y)$ 不一定满足 C-R 方程.如 $f(z)=(x^2-y^2)+\mathrm{i}(-2xy)$, $u=x^2-y^2$, $v=-2xy$, u, v 均为调和函数,但 $f(z)$ 在复平面上处处不解析.

定义 2.2.2 设 $u(x, y)$ 和 $v(x, y)$ 是区域 D 内的两个调和函数,且在区域 D 内满足 C-R 方程:$\frac{\partial u}{\partial x}=\frac{\partial v}{\partial y}$, $\frac{\partial u}{\partial y}=-\frac{\partial v}{\partial x}$,则称 $v(x, y)$ 是 $u(x, y)$ 在区域 D 内的**共轭调和函数**.

注意 $v(x, y)$ 和 $u(x, y)$ 不可交换次序.

定理 2.2.2 函数 $f(z)=u(x, y)+\mathrm{i}v(x, y)$ 在区域 D 内解析的充要条件是在区域 D 内虚部 $v(x, y)$ 是实部 $u(x, y)$ 的共轭调和函数.

因此,由一个解析函数的实部 $u(x, y)$(或虚部 $v(x, y)$)就可以求出它的虚部 $v(x, y)$(或实部 $u(x, y)$),即解析函数的实部和虚部是相互唯一确定的(至多相差一个复常数).

例 1 证明函数 $u(x, y)=y^3-3x^2y$ 为调和函数,并求其共轭调和函数 $v(x, y)$ 和由它们构成的解析函数.

解 因为

$$\frac{\partial u}{\partial x}=-6xy,\quad \frac{\partial^2 u}{\partial x^2}=-6y,\quad \frac{\partial u}{\partial y}=3y^2-3x^2,\quad \frac{\partial^2 u}{\partial y^2}=6y,$$

所以

$$\frac{\partial^2 u}{\partial x^2}+\frac{\partial^2 u}{\partial y^2}=0.$$

因此,$u(x, y)$ 为调和函数.

又因$\frac{\partial v}{\partial y}=\frac{\partial u}{\partial x}=-6xy$,得

$$v=\int -6xy\,\mathrm{d}y=-3xy^2+g(x),\quad \frac{\partial v}{\partial x}=-3y^2+g'(x).$$

由$\frac{\partial v}{\partial x}=-\frac{\partial u}{\partial y}$,得 $-3y^2+g'(x)=-3y^2+3x^2$,于是 $g'(x)=3x^2$,

所以 $g(x)=\int 3x^2\,\mathrm{d}x=x^3+C$,因此,$v(x, y)=x^3-3xy^2+C$,从而得到解析函数

$$\omega = y^3 - 3x^2y + \mathrm{i}(x^3 - 3xy^2 + C).$$

例2 已知调和函数 $v(x, y) = 2xy$,求解析函数 $f(z) = u(x, y) + \mathrm{i}v(x, y)$,使 $f(\mathrm{i}) = -1$.

解 因为 $\dfrac{\partial v}{\partial x} = 2y$, $\dfrac{\partial v}{\partial y} = 2x$,由 $\dfrac{\partial u}{\partial x} = \dfrac{\partial v}{\partial y} = 2x$,可得 $u = \int 2x\mathrm{d}x = x^2 + g(y)$.

由 $\dfrac{\partial u}{\partial y} = -\dfrac{\partial v}{\partial x}$,可得 $g'(y) = -2y$,故 $g(y) = -y^2 + C$,从而 $u = x^2 - y^2 + C$,

$$f(z) = x^2 - y^2 + C + \mathrm{i}2xy = (x + \mathrm{i}y)^2 + C = z^2 + C.$$

由 $f(\mathrm{i}) = -1$,得 $C = 0$,故所求解析函数 $f(z) = z^2$.

2.3 初等函数

与初等实变函数一样,初等复变函数也是一种最简单、最基本的函数类.本节将介绍复变函数中的初等函数,这些函数是实变函数中的初等函数在复数域中的推广.这些推广以后的函数具有一些新的、有用的重要性质,这些函数在复变函数及其应用中发挥着重要的作用.

2.3.1 指数函数

1. 指数函数的定义

定义 2.3.1 设 $z = x + \mathrm{i}y$,定义复变量的**指数函数**为

$$\omega = \mathrm{e}^z = \mathrm{e}^{x+\mathrm{i}y} = \mathrm{e}^x(\cos y + \mathrm{i}\sin y).$$

注意 e^z 仅仅是 $\exp z$ 的一种简记符号,没有幂的意义.

2. 指数函数的性质

(1) 当 $y = 0$ 时,$\mathrm{e}^z = \mathrm{e}^x$,即它与实变量指数函数一致;

当 $x = 0$ 时,可得到**欧拉(Euler) 公式**:

$$\mathrm{e}^z = \mathrm{e}^{\mathrm{i}y} = \cos y + \mathrm{i}\sin y.$$

(2) 对任意复数 z, $\mathrm{e}^z \neq 0$ 且 $|\mathrm{e}^z| = \mathrm{e}^x > 0$, $\mathrm{Arg}\,\mathrm{e}^z = y + 2k\pi\ (k \in \mathbf{Z})$.

(3) $\omega = \mathrm{e}^z$ 在复平面上解析,且 $\omega' = \mathrm{e}^z$.

证明 设 $z = x + \mathrm{i}y$, $\mathrm{e}^z = \mathrm{e}^x\cos y + \mathrm{i}\mathrm{e}^x\sin y = u(x, y) + \mathrm{i}v(x, y)$,则

$$\frac{\partial u}{\partial x}=e^{x}\cos y,\ \frac{\partial u}{\partial y}=-e^{x}\sin y,\ \frac{\partial v}{\partial x}=e^{x}\sin y,\ \frac{\partial v}{\partial y}=e^{x}\cos y.$$

四个偏导数在复平面上处处连续且满足C-R方程，所以 $\omega=e^{z}$ 在复平面上处处解析，且

$$\omega'=\frac{\partial u}{\partial x}+i\frac{\partial v}{\partial x}=e^{x}\cos y+ie^{x}\sin y=e^{z}.$$

（4）对任意复数 z_1，z_2，$e^{z_1+z_2}=e^{z_1}e^{z_2}$，$e^{z_1-z_2}=\dfrac{e^{z_1}}{e^{z_2}}$.

（5）e^{z} 是以 $2k\pi i$ 为周期的周期函数.（这个性质是实变量指数函数 e^{x} 没有的.）

证明 $e^{z+2k\pi i}=e^{z}e^{2k\pi i}=e^{z}(\cos 2k\pi+i\sin 2k\pi)=e^{z}$.

（6）$\lim\limits_{z\to\infty}e^{z}$ 不存在.

证明 当 z 沿实轴正向趋于 ∞ 时，即取 $z=x>0$，则 $\lim\limits_{z=x\to+\infty}e^{z}=\lim\limits_{x\to+\infty}e^{x}=+\infty$；当 z 沿实轴负向趋于 ∞ 时，即取 $z=x<0$，则 $\lim\limits_{z=x\to-\infty}e^{z}=\lim\limits_{x\to-\infty}e^{x}=0$.

因为两个极限不同，所以 $\lim\limits_{z\to\infty}e^{z}$ 不存在.

例1 求 e^{1+i} 的实部、虚部、模及辐角.

解 $e^{1+i}=e(\cos 1+i\sin 1)$，$\mathrm{Re}(e^{1+i})=e\cos 1$，$\mathrm{Im}(e^{1+i})=e\sin 1$，$|e^{1+i}|=e$，$\mathrm{Arg}(e^{1+i})=1+2k\pi\ (k\in\mathbf{Z})$，其辐角主值 $\arg(e^{1+i})=1$.

例2 试举例说明等式 $(e^{z_1})^{z_2}=e^{z_1z_2}$ 可能不成立.

解 设 $z_1=-\pi i$，$z_2=\dfrac{1}{2}$，则 $e^{z_1z_2}=e^{-\frac{\pi}{2}i}=-i$，$(e^{z_1})^{z_2}=(e^{-\pi i})^{\frac{1}{2}}=(-1)^{\frac{1}{2}}=\pm i$，所以 $(e^{z_1})^{z_2}\neq e^{z_1z_2}$.

2.3.2 三角函数

对任意实数 y，由欧拉公式 $e^{iy}=(\cos y+i\sin y)$，$e^{-iy}=(\cos y-i\sin y)$，得

$$\sin y=\frac{e^{iy}-e^{-iy}}{2i},\ \cos y=\frac{e^{iy}+e^{-iy}}{2}.$$

1. 三角函数的定义

定义 2.3.2 定义 $\sin z=\dfrac{e^{iz}-e^{-iz}}{2i}$，$\cos z=\dfrac{e^{iz}+e^{-iz}}{2}$，并分别称为复变量 z 的正弦函数和余弦函数.

2. 三角函数的性质

(1) 当 $z=x$ 为实数时，$\sin x=\dfrac{e^{ix}-e^{-ix}}{2i}$，$\cos x=\dfrac{e^{ix}+e^{-ix}}{2}$，这与实变量正弦函数和余弦函数一致.

(2) 正弦函数和余弦函数在复平面上解析，且 $(\sin z)'=\cos z$，$(\cos z)'=-\sin z$.

(3) $\sin z$ 是奇函数，$\cos z$ 是偶函数，并遵从通常的三角恒等式及和差化积公式. 如

$$\sin^2 z+\cos^2 z=1;\ \sin\left(z+\frac{\pi}{2}\right)=\cos z;$$

$$\sin(z_1+z_2)=\sin z_1\cos z_2+\cos z_1\sin z_2;$$

$$\cos(z_1+z_2)=\cos z_1\cos z_2-\sin z_1\sin z_2.$$

(4) $\sin z$ 和 $\cos z$ 均是以 2π 为基本周期的周期函数.

(5) $\sin z=0$ 的根(即零点)为 $z=k\pi\ (k=0,\pm1,\cdots)$；$\cos z=0$ 的根(即零点)为 $z=\left(k+\dfrac{1}{2}\right)\pi\ (k=0,\pm1,\cdots)$.

(6) $\sin z$ 和 $\cos z$ 都是无界函数.

在复数域内，$|\sin z|\leqslant 1$，$|\cos z|\leqslant 1$ 不再成立.

例如，取 $z=iy\ (y>0)$，则

$$|\sin(iy)|=\left|\frac{e^y-e^{-y}}{2}\right|\to+\infty\ (y\to+\infty),$$

$$|\cos(iy)|=\frac{e^{-y}+e^y}{2}>\frac{e^y}{2}\to+\infty\ (y\to+\infty).$$

类似地，其他四个三角函数，可以通过 $\sin z$，$\cos z$ 来定义：

正切函数 $\tan z=\dfrac{\sin z}{\cos z}$；　余切函数 $\cot z=\dfrac{\cos z}{\sin z}$；

正割函数 $\sec z=\dfrac{1}{\cos z}$；　余割函数 $\csc z=\dfrac{1}{\sin z}$.

这些函数在复平面上除去使分母为零的点外都解析，且

$$(\tan z)'=\sec^2 z;\qquad (\cot z)'=-\csc^2 z;$$

$$(\sec z)'=\sec z\tan z;\quad (\csc z)'=-\csc z\cot z.$$

例 3　求 $\cos i$ 的值.

解　由定义 2.3.2 得，$\cos i=\dfrac{e^{-1}+e}{2}$.

例 4 求 $\sin\left(\frac{\pi}{6}+2\mathrm{i}\right)$的值.

解 $$\sin\left(\frac{\pi}{6}+2\mathrm{i}\right)=\frac{\mathrm{e}^{\mathrm{i}\left(\frac{\pi}{6}+2\mathrm{i}\right)}-\mathrm{e}^{-\mathrm{i}\left(\frac{\pi}{6}+2\mathrm{i}\right)}}{2\mathrm{i}}=\frac{\mathrm{e}^{\mathrm{i}\frac{\pi}{6}-2}-\mathrm{e}^{2-\frac{\pi}{6}\mathrm{i}}}{2\mathrm{i}}$$

$$=\frac{\mathrm{e}^{-2}\left(\cos\frac{\pi}{6}+\mathrm{i}\sin\frac{\pi}{6}\right)-\mathrm{e}^{2}\left(\cos\frac{\pi}{6}-\mathrm{i}\sin\frac{\pi}{6}\right)}{2\mathrm{i}}$$

$$=\frac{\mathrm{e}^{-2}\cdot\frac{\sqrt{3}}{2}-\mathrm{e}^{2}\cdot\frac{\sqrt{3}}{2}}{2\mathrm{i}}+\frac{\mathrm{e}^{-2}\cdot\frac{1}{2}+\mathrm{e}^{2}\cdot\frac{1}{2}}{2}$$

$$=\frac{1}{4}(\mathrm{e}^{-2}+\mathrm{e}^{2})+\frac{\sqrt{3}}{4}(\mathrm{e}^{2}-\mathrm{e}^{-2})\mathrm{i}.$$

2.3.3 对数函数

1. 对数函数的定义

定义 2.3.3 指数函数的反函数为**对数函数**,即若 $\mathrm{e}^{\omega}=z\ (z\neq 0)$,则称 ω 为复数 z 的**对数函数**,记作 $\omega=\mathrm{Ln}\,z$.

注意 (1) 设 $\omega=u+\mathrm{i}v$, $z=r\mathrm{e}^{\mathrm{i}\theta}$($r$ 为 z 的模,θ 为 z 的辐角主值),那么 $\mathrm{e}^{u+\mathrm{i}v}=r\mathrm{e}^{\mathrm{i}\theta}=\mathrm{e}^{\ln r+\mathrm{i}\theta}$,于是 $u=\ln r=\ln|z|$, $v=\theta+2k\pi=\arg z+2k\pi=\mathrm{Arg}\,z$. 因此,$\omega=\mathrm{Ln}\,z=\ln r+\mathrm{i}(\theta+2k\pi)=\ln|z|+\mathrm{i}\,\mathrm{Arg}\,z=\ln|z|+\mathrm{i}(\arg z+2k\pi)$ $(k=0,\pm 1,\cdots)$,说明复数 z 的对数仍是复数,它的实部是 $\ln|z|$,虚部是 z 的辐角,即虚部可以取无穷多个值. 因此 $\omega=\mathrm{Ln}\,z$ 是 z 的多值函数.

(2) 当虚部取辐角主值时,$\mathrm{Ln}\,z$ 为单值函数,记为 $\ln z$,称为 $\mathrm{Ln}\,z$ 的**主值**,即 $\ln z=\ln|z|+\mathrm{i}\arg z\ (-\pi<\arg z\leqslant\pi)$.

(3) $\mathrm{Ln}\,z=\ln|z|+\mathrm{i}(\arg z+2k\pi)\ (k=0,\pm 1,\cdots)$, $\ln z=\ln|z|+\mathrm{i}\arg z$, 故 $\mathrm{Ln}\,z=\ln z+2k\pi\mathrm{i}$.

2. 对数函数的性质

(1) $\mathrm{Ln}(z_1z_2)=\mathrm{Ln}\,z_1+\mathrm{Ln}\,z_2$, $\mathrm{Ln}\left(\frac{z_1}{z_2}\right)=\mathrm{Ln}\,z_1-\mathrm{Ln}\,z_2$;

(2) $\mathrm{Ln}\,z^n\neq n\mathrm{Ln}\,z$, $\mathrm{Ln}\sqrt[n]{z}\neq\frac{1}{n}\mathrm{Ln}\,z$;

(3) $\mathrm{Ln}\,z$ 在除去原点及负实轴的复平面上也解析,且 $(\mathrm{Ln}\,z)'=\frac{1}{z}$;

（4）在主值 $\ln z$ 中，$\ln|z|$ 除原点外的复平面内处处连续，$\arg z$ 在除去原点及负实轴外的复平面内处处连续.

注意 ① 性质（1）中的两个运算性质应该理解为集合意义下的相等. 即对于左边的多值函数的任一个值，一定有右边的两多值函数独立地各取一值，使其和（或差）与该值对应.

② 性质（2）中的两个等式在复变函数里不再成立，例如 $\operatorname{Ln} z^2 \neq 2\operatorname{Ln} z$. 事实上，设 $z = re^{i\theta}(r \neq 0)$，其中 $|z| = r$，$\arg z = \theta$，于是 $z^2 = r^2 e^{i2\theta}$.

$$\begin{aligned}\operatorname{Ln} z^2 &= \ln|z^2| + i\operatorname{Arg}(z^2)\\&= \ln r^2 + i(2\theta + 2k\pi)\ (k = 0, \pm 1, \pm 2, \cdots),\end{aligned}$$

$$2\operatorname{Ln} z = 2\ln r + i(2\theta + 4k\pi)\ (k = 0, \pm 1, \pm 2, \cdots),$$

显然 $\operatorname{Ln} z^2$ 的值比 $2\operatorname{Ln} z$ 的值多. 另外，在实数范围内，$\operatorname{Ln} z^2$ 的 z 可取负实数，而 $2\operatorname{Ln} z$ 的 z 只 能取正实数.

③ 性质（3）中，令 $z = x + iy$，则

$$\begin{aligned}\ln z &= \ln|z| + i\arg z\\&= \frac{1}{2}\ln(x^2 + y^2) + i\arg z \quad (-\pi < \arg z \leqslant \pi).\end{aligned}$$

实部 $\frac{1}{2}\ln(x^2 + y^2)$ 除原点外处处连续，而 $\arg z$ 在原点和负实轴上都不连续. 这是因为，当 $x < 0$ 时，$\lim\limits_{y\to 0^+}\arg z = \pi$，$\lim\limits_{y\to 0^-}\arg z = -\pi$，因此，$\omega = \ln z$ 在原点和负实轴上不可导，在其他点都可导.

$\omega = \ln z$ 是单值函数，是指数函数的反函数，由反函数的求导法则得

$$(\ln z)' = \frac{1}{(e^{\omega})'} = \frac{1}{e^{\omega}} = \frac{1}{z}.$$

而 $\operatorname{Ln} z = \ln z + 2k\pi i$，因此 $\operatorname{Ln} z$ 在除去原点及负实轴的复平面上也解析，且

$$(\operatorname{Ln} z)' = (\ln z + 2k\pi i)' = \frac{1}{z}.$$

例 5 求下列对数函数的值及其主值.

（1）$\operatorname{Ln}(-1)$； （2）$\operatorname{Ln}(-\sqrt{3} + i)$.

解 （1）$\operatorname{Ln}(-1) = \ln|-1| + (2k+1)\pi i = \ln 1 + (2k+1)\pi i = (2k+1)\pi i\ (k \in \mathbf{Z})$，$\operatorname{Ln}(-1)$ 的主值为 $\ln(-1) = \ln 1 + \pi i = \pi i$.

(2) $\mathrm{Ln}(-\sqrt{3}+\mathrm{i})=\ln|-\sqrt{3}+\mathrm{i}|+\mathrm{i}[\arg(-\sqrt{3}+\mathrm{i})+2k\pi]=\ln 2+\left(\frac{5\pi}{6}+2k\pi\right)\mathrm{i}$ $(k\in\mathbf{Z})$，所以 $\mathrm{Ln}(-\sqrt{3}+\mathrm{i})$ 的主值为

$$\begin{aligned}\ln(-\sqrt{3}+\mathrm{i})&=\ln|-\sqrt{3}+\mathrm{i}|+\mathrm{i}\arg(-\sqrt{3}+\mathrm{i})\\&=\ln 2+\frac{5\pi}{6}\mathrm{i}.\end{aligned}$$

2.3.4 幂函数

1. 幂函数的定义

定义 2.3.4 定义 $\omega=z^{\alpha}=\mathrm{e}^{\alpha\,\mathrm{Ln}\,z}$($z\neq 0$, α 为复常数) 为复数 z 的**幂函数**.

当 α 为正实数时，规定 $z=0$ 时，$z^{\alpha}=0$.

此定义为实数域中等式 $x^{\alpha}=\mathrm{e}^{\alpha\ln x}$ 在复数域中的推广.

2. 幂函数的性质

(1) 幂函数在除去原点及负实轴的复平面上处处解析（由对数函数的解析性可知），且 $(z^{\alpha})'=\alpha z^{\alpha-1}$；

(2) 当 α 是任一整数时，$\mathrm{e}^{2\alpha k\pi\mathrm{i}}=1$.

$$\begin{aligned}z^{\alpha}&=\mathrm{e}^{\alpha\,\mathrm{Ln}\,z}=\mathrm{e}^{\alpha[\ln|z|+\mathrm{i}(\arg z+2k\pi)]}=\mathrm{e}^{\alpha(\ln|z|+\mathrm{i}\arg z)+2\alpha k\pi\mathrm{i}}\\&=\mathrm{e}^{\alpha\ln z}\cdot\mathrm{e}^{2k\pi\alpha\mathrm{i}}=\mathrm{e}^{\alpha\ln z},\end{aligned}$$

值与整数 k 无关，故 z^{α} 是单值函数；

当 $\alpha=\dfrac{1}{n}$ 时，其中 n 为自然数，$z^{\frac{1}{n}}=\sqrt[n]{z}$ 为 z 的 n 次根，有

$$\begin{aligned}\omega=z^{\frac{1}{n}}&=\mathrm{e}^{\frac{1}{n}\mathrm{Ln}\,z}=\mathrm{e}^{\frac{1}{n}[\ln|z|+\mathrm{i}(\arg z+2k\pi)]}\\&=|z|^{\frac{1}{n}}\cdot\mathrm{e}^{\mathrm{i}\frac{\arg z+2k\pi}{n}}\quad(k=0,1,\cdots,n-1)\end{aligned}$$

是一个具有 n 个值的函数；

(3) 当 α 是有理数 $\dfrac{p}{q}$(p, q 为互质整数，$q>0$) 时，

$$\begin{aligned}z^{\alpha}&=\mathrm{e}^{\frac{p}{q}\mathrm{Ln}\,z}=\mathrm{e}^{\frac{p}{q}[\ln|z|+\mathrm{i}(\arg z+2k\pi)]}=\mathrm{e}^{\frac{p}{q}\ln|z|+\mathrm{i}\frac{p}{q}(\arg z+2k\pi)}\\&=\mathrm{e}^{\alpha\ln|z|}\left\{\cos\left[\frac{p}{q}(\arg z+2k\pi)\right]+\mathrm{i}\sin\left[\frac{p}{q}(\arg z+2k\pi)\right]\right\}\\&\qquad(k=0,1,2,\cdots,q-1)\end{aligned}$$

此时，$z^{\alpha}=e^{\alpha \operatorname{Ln} z}$ 能取到 q 个不同的值；

(4) 当 α 是无理数或复数时，$z^{\alpha}=e^{\alpha \operatorname{Ln} z}$ 为无穷多值函数；

(5) $z^{\alpha_1+\alpha_2}=z^{\alpha_1}z^{\alpha_2}$ ($z\neq 0$, α_1, α_2 为复常数)；

(6) 由于 $\operatorname{Ln} z=\ln|z|+\mathrm{i}(\arg z+2k\pi)$ $(k=0,\pm 1,\cdots)$ 是多值函数，所以 z^{α} 一般也是多值函数. 当 $\operatorname{Ln} z$ 取主值 $\ln z$ 时，对应的 $e^{\alpha \ln z}$ 为 z^{α} 的主值.

例 6 求下列式子的值.

(1) $(-1)^{\sqrt{2}}$； (2) i^{i}.

解 (1) $(-1)^{\sqrt{2}}=e^{\sqrt{2}\operatorname{Ln}(-1)}=e^{\sqrt{2}[\ln|-1|+\mathrm{i}(\pi+2k\pi)]}=e^{\sqrt{2}[\mathrm{i}(\pi+2k\pi)]}$

$$=e^{\mathrm{i}\sqrt{2}(\pi+2k\pi)}\ (k=0,\pm 1,\pm 2,\cdots).$$

(2) $\mathrm{i}^{\mathrm{i}}=e^{\mathrm{i}\operatorname{Ln}\mathrm{i}}=e^{\mathrm{i}\left[\ln|\mathrm{i}|+\mathrm{i}\left(\frac{\pi}{2}+2k\pi\right)\right]}=e^{-\left(\frac{\pi}{2}+2k\pi\right)}\ (k=0,\pm 1,\pm 2,\cdots)$.

2.3.5 反三角函数

定义 2.3.5 定义函数 $z=\cos\omega$ 的反函数为**反余弦函数**，记作 $\omega=\arccos z$.

$$\omega=\arccos z=-\mathrm{i}\operatorname{Ln}(z+\sqrt{z^2-1}).$$

因 $z=\cos\omega=\dfrac{1}{2}(e^{\mathrm{i}\omega}+e^{-\mathrm{i}\omega})$，则 $e^{2\mathrm{i}\omega}-2ze^{\mathrm{i}\omega}+1=0$，得 $e^{\mathrm{i}\omega}=z+\sqrt{z^2-1}$.

方程两边取对数得，$\omega=\arccos z=-\mathrm{i}\operatorname{Ln}(z+\sqrt{z^2-1})$.

同理可定义反正弦函数和反正切函数.

本章小结

本章在介绍复变函数导数概念和求导法则的基础上，首先讲解解析函数的概念及判别方法，接着介绍了解析函数与调和函数的关系，最后介绍了一些常用的初等函数，并说明它们的解析性.

需注意以下几个方面：

(1) 理解复变函数的导数和微分的概念，掌握复变函数求导(微分)法则，求导(微分)公式与求导(微分)方法；

(2) 理解解析函数的概念及其与连续函数、可导函数之间的联系与区别，掌握函数解析的充要条件(柯西-黎曼方程)和常用的判别方法；

(3) 了解解析函数与调和函数的关系，掌握由一个调和函数求一个解析函数的基本方法——偏积分法、不定积分法及曲线积分法；

(4) 熟悉基本初等函数的定义，了解它们的性质；

习 题 2

1. 利用导数定义推出：

(1) $\left(\frac{1}{z}\right)'=-\frac{1}{z^2}$；　　(2) $(z^3)'=3z^2$.

2. 下列函数在何处可导?在何处解析?

(1) $f(z)=x^2-\mathrm{i}y$；　　(2) $f(z)=x^2-y^2-x+\mathrm{i}(2xy-y^2)$；

(3) $f(z)=xy^2+\mathrm{i}x^2y$；　　(4) $f(z)=\operatorname{Im} z$.

3. 试确定下列函数的解析区域，并在解析区域内求出其导数：

(1) $f(z)=(z-1)^2(z^2+3)$；　　(2) $f(z)=\frac{1}{z^2-1}$；

(3) $f(z)=(z-1)^5$；　　(4) $f(z)=\frac{az+b}{cz+d}$ (c, d 中至少有一个不为 0).

4. 设 $my^3+nx^2y+\mathrm{i}(x^3+lxy^2)$ 为复平面上的解析函数，试确定 l, m, n 的值.

5. 计算下列各式的值：

(1) $\mathrm{e}^{2+\mathrm{i}}$；　　(2) $\mathrm{e}^{\frac{2-\pi\mathrm{i}}{3}}$；

(3) $\mathrm{e}^{1-\frac{\pi}{2}\mathrm{i}}$.

6. 求出 $\operatorname{Ln}(-\mathrm{i})$ 和 $\operatorname{Ln}(-3+4\mathrm{i})$ 的值及其主值.

7. 计算下列各式的值：

(1) 1^{i}；　　(2) $(-3)^{\sqrt{5}}$；

(3) $(1+\mathrm{i})^{1-\mathrm{i}}$；　　(4) $3^{-\mathrm{i}}$.

8. 计算下列各式的值：

(1) $\cos(1+5\mathrm{i})$；　　(2) $\cos(5\mathrm{i})$；

(3) $\sin(1+\mathrm{i})^2$；　　(4) $\sin(\pi+2\mathrm{i})$.

复习题 2

1. 填空题.

(1) $f(0)=0$, $f'(0)=1+\mathrm{i}$，则 $\lim\limits_{z\to 0}\frac{f(z)}{z}=$ __________.

(2) 在复平面上，函数 $f(z)=x^2-y^2-x+\mathrm{i}(2xy-y^2)$ 在__________上可导.

(3) 函数 $f(z)=3x^2-\mathrm{i}y$ 在__________可导，在__________解析.

(4) $f(z)=(z+2)^3$，则其解析区域为__________，$f'(z)=$ __________.

(5) i^{i} 的主值为__________.

2. 选择题.

(1) 设函数 $f(z)$ 在 z_0 点连续,则(　　).

(A) $f(z)$ 在 z_0 点可导

(B) $f(z)$ 在 z_0 点解析

(C) $f(z)$ 在包含 z_0 点的某邻域内有定义

(D) 以上都不对

(2) $f(z)=x^2+\mathrm{i}y^2$,则 $f'(1+\mathrm{i})=$(　　).

(A) 2　　(B) $2\mathrm{i}$

(C) $1+\mathrm{i}$　　(D) $2+2\mathrm{i}$

(3) 函数 $f(z)$ 在 z_0 点解析是 $f(z)$ 在 z_0 点可导的(　　).

(A) 充分条件　　(B) 必要条件

(C) 充要条件　　(D) 以上均不对

(4) 如果函数 $f(z)=u+\mathrm{i}v$ 在 $z=x+\mathrm{i}y$ 点可导,则 $f'(z)=$(　　).

(A) $u'+\mathrm{i}v'$　　(B) $u'_x+\mathrm{i}v'_x$

(C) $u'_y+\mathrm{i}v'_y$　　(D) $u'_x+\mathrm{i}v'_y$

(5) 二元实函数 u, v 均为调和函数,则复函数 $f(z)=u+\mathrm{i}v$ 是(　　).

(A) 解析函数　　(B) 可导的函数

(C) 可微的函数　　(D) 解析性不确定的函数

(6) $(-3)^{\sqrt{2}}$(　　).

(A) 无定义　　(B) 等于 $\mathrm{e}^{\sqrt{2}\ln 3}$

(C) 是复数,其实部等于 $\mathrm{e}^{\sqrt{2}\ln 3}$　　(D) 是复数,其模等于 $\mathrm{e}^{\sqrt{2}\ln 3}$

3. 判断题.

(1) 若 $f'(z_0)$ 存在,则 $f(z)$ 在点 z_0 解析.　　(　　)

(2) 若点 z_0 为 $f(z)$ 的奇点,则 $f'(z_0)$ 不存在.　　(　　)

(3) 若函数 $f(z)$ 在区域 D 内解析,则 $f(z)$ 在区域 D 内可导.　　(　　)

(4) 若 $f(z)$ 在点 z_0 连续,则 $\overline{f(z)}$ 在点 z_0 也连续.　　(　　)

(5) 若 $f(z)$ 在点 z_0 可导,则 $\overline{f(z)}$ 在点 z_0 也可导.　　(　　)

(6) 函数 $v=y-x$ 是 $u=y+x$ 的共轭调和函数.　　(　　)

(7) $f(z)=\mathrm{e}^z$ 在复平面上无可导点.　　(　　)

4. 求下列函数的解析区域,并在解析区域内求出其导数:

(1) $f(z)=z^3+\mathrm{i}2z$;　　(2) $f(z)=(z-2)^3$.

5. 求下列函数的奇点:

(1) $f(z)=\dfrac{z+1}{z(z^2+1)}$;　　(2) $f(z)=\dfrac{z-3}{(z+1)^2(z^2+1)}$.

6. 求下列函数在可导点处的导数:

(1) $f(z)=x^3+y^3+\mathrm{i}x^2y^2$;　　(2) $f(z)=z\mathrm{Re}\,z$.

7. 求出实常数 a, b, c,使函数 $f(z)=ay^3+bx^2y+\mathrm{i}(x^3+cxy^2)$ 解析.

8. 设函数 $f(z)=a\ln(x^2+y^2)+\mathrm{i}\arctan\dfrac{y}{x}$ 在 $x>0$ 时解析,求实数 a.

9. 求方程 $1-\mathrm{e}^z=0$ 的全部解.

10. 求 $\mathrm{Ln}(-3\mathrm{i})$, $\mathrm{Ln}(-9+12\mathrm{i})$ 及其主值.

11. 求 $\mathrm{e}^{\frac{1+\pi\mathrm{i}}{4}}$, 4^{i} 及 $(-3)^{\sqrt{2}}$ 的值.

12. 求下列各式的值:

(1) $\mathrm{e}^{1-\frac{\pi}{3}\mathrm{i}}$;　　(2) $\mathrm{Ln}(1+\mathrm{i}\sqrt{3})$;

(3) $\cos(2\mathrm{i})$;　　(4) $(1+\mathrm{i})^{\mathrm{i}}$.

13. 如果 $f(z)=u+\mathrm{i}v$ 为解析函数,试证: $\overline{\mathrm{i}\,f(z)}$ 也是解析函数.

14. 当 $z=x+\mathrm{i}y$ 时,试证:不等式 $|\sin z|\geqslant\dfrac{1}{2}|\mathrm{e}^{-y}-\mathrm{e}^{y}|$ 成立.

上机演练与实验

实验 2　用 MATLAB 求复数的运算

(1) 实验类型:验证性.

(2) 实验类别:基础实验.

(3) 实验学时数:2 学时.

(4) 实验目的:

① 熟悉 MATLAB 基本命令与操作;

② 掌握 MATLAB 求复数的运算.

(5) 实验内容:

1. 复数的乘除法

复数的乘除法运算由“*”和“/”实现.

例 1　计算 $z=\dfrac{4\mathrm{e}^{\frac{\pi}{3\mathrm{i}}}}{3\mathrm{e}^{\frac{\pi}{5\mathrm{i}}}}$.

```
>> x = 4 * exp(pi/3i)
x =
   2.0000 - 3.4641i
>> y = 3 * exp(pi/5i)
```

```
y =
  2.4271 - 1.7634i
>> y1 = 3 * exp(pi/5 * i)
y1 =
   2.4271 + 1.7634i
>> x/y
ans =
   1.2181 - 0.5423i
>> x/y1
ans =
   -0.1394 - 1.3260i
```

可见,(…)/5i 相当于(…)/(5 * i),和(…)/5 * i 不相等.

2. 复数的平方根

复数的平方根运算由函数 sqrt 实现.调用形式如下:

sqrt(x)　返回复数 x 的平方根值.

3. 复数的幂运算

复数的幂运算的形式为"x^n",结果返回复数 x 的 n 次幂.

例 2　计算 $z=(-1)^{\frac{1}{6}}$.

```
>> (-1)^(1/6)
ans =
   0.8660 + 0.5000i
```

4. 复数的指数和对数运算

复数的指数和对数运算分别由函数 exp 和 log 实现.调用形式如下:

exp(x)　返回复数 x 的以 e 为底的指数值;

log(x)　返回复数 x 的以 e 为底的对数值.

例 3　求下列式的值:

(1) log(-i);　　(2) log(-3+4i).

在 MATLAB 命令窗口中输入

```
>> log(-i)
ans =
   0.0000 - 1.5708i
```

```
>> log(-3+4i)
ans =
   1.6094+2.2143i
```

5. 复数的三角函数运算

复数的三角函数运算函数参见表 2-1.

表 2-1　复数三角函数

函数名	函数功能	函数名	函数功能
sin(x)	返回复数 x 的正弦函数值	a sin(x)	返回复数 x 的反正弦值
cos(x)	返回复数 x 的余弦函数值	a cos(x)	返回复数 x 的反余弦值
tan(x)	返回复数 x 的正切函数值	a tan(x)	返回复数 x 的反正切值
cot(x)	返回复数 x 的余切函数值	a cot(x)	返回复数 x 的反余切值
sec(x)	返回复数 x 的正割函数值	a sec(x)	返回复数 x 的反正割值
csc(x)	返回复数 x 的余割函数值	a csc(x)	返回复数 x 的反余割值
sinh(x)	返回复数 x 的双曲正弦值	coth(x)	返回复数 x 的双曲余切值
cosh(x)	返回复数 x 的双曲余弦值	sech(x)	返回复数 x 的双曲正割值
tanh(x)	返回复数 x 的双曲正切值	csch(x)	返回复数 x 的双曲余割值

6. 复数方程求根

复数方程求根或实方程的复数根求解由函数 solve 实现.

例 4　求方程 $x^3+8=0$ 所有的根.

```
>> solve('x^3+8=0')
ans =
          -2
1-3^(1/2)*i
3^(1/2)*i+1
```

第3章 复变函数的积分

复变函数的积分(简称复积分)是研究解析函数的重要工具之一.解析函数的许多重要性质都可以通过复积分来证明.在本章中,首先介绍复变函数的积分的概念、性质及其计算,其次证明解析函数的柯西积分定理及其推广,最后给出解析函数的柯西积分公式及其高阶导数公式.

3.1 复变函数积分的概念

3.1.1 复变函数积分的定义

设C是复平面上的一条光滑或逐段光滑的曲线,如果选定C的两个方向中的一个方向作为正方向(或正向),那么称C是一条**有向曲线**.设C的两个端点为A和B,如果把从A到B的方向作为C的正方向,那么从B到A的方向就是C的负方向.关于简单闭曲线的方向,当观察者沿C的某个方向绕行一周时,C的内部始终在C的左方,这个方向就称为C的正方向,记为C^+;反方向称为C的负方向,记为C^-.因此,如果C是一条光滑的简单闭曲线,则逆时针方向为C的正向,顺时针方向为C的负向.如果C不是闭曲线,则通过指明始点和终点来确定方向.

定义 3.1.1 设复函数$w=f(z)$在区域D内有定义,C是区域D的一条光滑或逐段光滑曲线,其起点为A,终点为B.把曲线C任意分割成n个小弧段,设分点为$A=z_0, z_1, z_2, \cdots, z_{n-1}, z_n=B$,在每条弧$\overset{\frown}{z_{k-1}z_k}$上任取一点$\xi_k\ (k=1, 2, \cdots, n)$,记$\Delta z_k=z_k-z_{k-1}$,作和式$\sum_{k=1}^{n} f(\xi_k)\Delta z_k$.令$\lambda=\max\limits_{1\leqslant k\leqslant n}|\Delta z_k|$,当$\lambda\to 0$时,如果和式的极限存在,且此极限值不依赖于$\xi_k$的选取,也与曲线$C$的分法无关,则称此极限值为$f(z)$沿曲线$C$从$A$到$B$的**复积分**,记作

$$\int_C f(z)\mathrm{d}z=\lim_{\lambda\to 0}\sum_{k=1}^{n} f(\xi_k)\Delta z_k,$$

其中 C 称为积分路径,如图 3-1 所示.

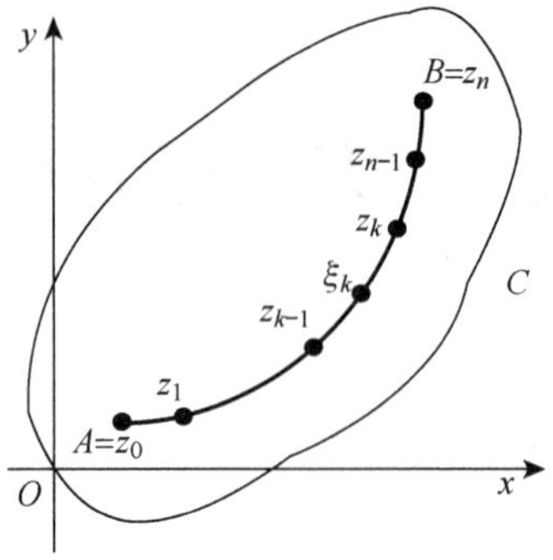

图 3-1

如果$\int_C f(z)\mathrm{d}z$表示$f(z)$沿曲线C的正方向的积分,那么$\int_{C^-} f(z)\mathrm{d}z$表示$f(z)$沿曲线$C$的负方向的积分. 如果$C$是由$C_1$, C_2, …, C_n 等光滑曲线依次相互连接而成的逐段光滑曲线,则有

$$\int_C f(z)\mathrm{d}z = \int_{C_1} f(z)\mathrm{d}z + \cdots + \int_{C_n} f(z)\mathrm{d}z.$$

当 C 为闭曲线且为正向,记为$\oint_{C^+} f(z)\mathrm{d}z$,简写为$\oint_C f(z)\mathrm{d}z$;当 C 为闭曲线且为负向,记为$\oint_{C^-} f(z)\mathrm{d}z$.

3.1.2 复变函数积分的性质

由复变函数积分的定义,容易得到以下性质:

性质 1(线性性质) $\int_C [af(z) \pm b\varphi(z)]\mathrm{d}z = a\int_C f(z)\mathrm{d}z \pm b\int_C \varphi(z)\mathrm{d}z.$

性质 2 改变曲线 C 的方向,积分值变号,即

$$\int_{C^-} f(z)\mathrm{d}z = -\int_C f(z)\mathrm{d}z.$$

性质 3(积分曲线的可加性) 若C是由逐段光滑曲线C_1, C_2, …, C_n 依次相互连接而成,则$\int_C f(z)\mathrm{d}z = \int_{C_1} f(z)\mathrm{d}z + \int_{C_2} f(z)\mathrm{d}z + \cdots + \int_{C_n} f(z)\mathrm{d}z.$

性质 4(估值不等式) 若记曲线C的长度为L,函数 $f(z)$ 在C上满足 $|f(z)| \leqslant M$,则

$$\left|\int_C f(z)\mathrm{d}z\right| \leqslant LM.$$

3.1.3　复变函数积分的计算

定理 3.1.1(积分存在定理)　如果复变函数 $f(z)=u(x, y)+\mathrm{i}v(x, y)$ 在分段光滑的曲线 C 上是连续的,则 $f(z)$ 沿曲线 C 的积分$\int_C f(z)\mathrm{d}z$ 存在,且有

$$\begin{aligned}\int_C f(z)\mathrm{d}z &= \int_C (u+\mathrm{i}v)(\mathrm{d}x+\mathrm{i}\mathrm{d}y) \\ &= \int_C (u\mathrm{d}x-v\mathrm{d}y)+\mathrm{i}\int_C (v\mathrm{d}x+u\mathrm{d}y).\end{aligned}$$

另外,如果曲线 C 为光滑曲线并且可由参数方程 $z=z(t)=x(t)+\mathrm{i}y(t)(\alpha\leqslant t\leqslant\beta)$ 来表示,$z(\alpha)$ 是起点,$z(\beta)$ 是终点,则可得到下面的计算公式:

$$\begin{aligned}\int_C f(z)\mathrm{d}z &= \int_\alpha^\beta [u(x(t), y(t))x'(t)-v(x(t), y(t))y'(t)]\mathrm{d}t+ \\ &\quad \mathrm{i}\int_\alpha^\beta [v(x(t), y(t))x'(t)+u(x(t), y(t))y'(t)]\mathrm{d}t \\ &= \int_\alpha^\beta [u(x(t), y(t))+\mathrm{i}v(x(t), y(t))][x'(t)+\mathrm{i}y'(t)]\mathrm{d}t \\ &= \int_\alpha^\beta f(z(t))z'(t)\mathrm{d}t.\end{aligned}$$

如无特别说明,今后讨论的积分总假定被积函数是连续的,曲线是按段光滑.

例 1　计算$\int_C (x-y+\mathrm{i}x^2)\mathrm{d}z$.

(1) C 是连接 $z=0$ 和 $z=1+\mathrm{i}$ 两点的直线段(图 3-2);

(2) C 是沿实轴从 $z=0$ 和 $z=1$,再沿直线 $x=1$ 从 $z=1$ 到 $z=1+\mathrm{i}$ 的折线段(图 3-3).

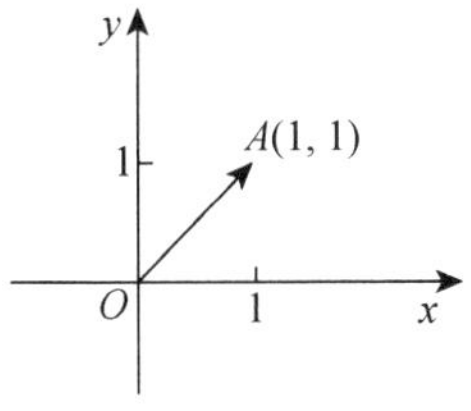

图 3-2

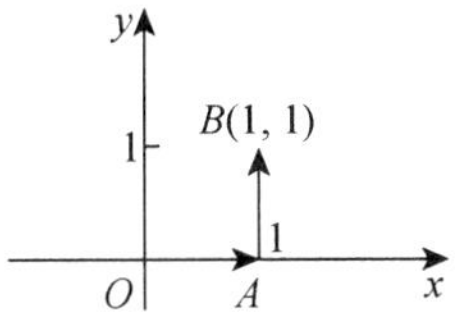

图 3-3

解 (1) 由定理3.1.1得

$$\int_C (x-y+\mathrm{i}x^2)\mathrm{d}z=\int_C[(x-y)\mathrm{d}x-x^2\mathrm{d}y]+\mathrm{i}\int_C[x^2\mathrm{d}x+(x-y)\mathrm{d}y].$$

而线段 OA 的方程为 $y=x$, $0\leqslant x\leqslant 1$.

于是

$$\int_C (x-y+\mathrm{i}x^2)\mathrm{d}z=\int_0^1(-x^2)\mathrm{d}x+\mathrm{i}\int_0^1 x^2\mathrm{d}x$$

$$=-\frac{1}{3}+\frac{\mathrm{i}}{3}=\frac{1}{3}(-1+\mathrm{i}).$$

(2) OA: $y=0$, $0\leqslant x\leqslant 1$; AB: $x=1$, $0\leqslant y\leqslant 1$.

于是

$$\int_C (x-y+\mathrm{i}x^2)\mathrm{d}z=\int_{OA}(x-y+\mathrm{i}x^2)\mathrm{d}z+\int_{AB}(x-y+\mathrm{i}x^2)\mathrm{d}z$$

$$=\int_0^1 x\mathrm{d}x+\mathrm{i}\int_0^1 x^2\mathrm{d}x+\int_0^1(-1^2)\mathrm{d}y+\mathrm{i}\int_0^1(1-y)\mathrm{d}y$$

$$=\frac{1}{2}+\frac{\mathrm{i}}{3}-1+\mathrm{i}-\frac{\mathrm{i}}{2}=-\frac{1}{2}+\frac{5}{6}\mathrm{i}.$$

从本题的计算结果可以看出,起点和终点相同,同一个函数沿不同路径积分的结果可能是不同的.

例 2 沿下列曲线计算积分 $\int_0^{2+\mathrm{i}} z^2\mathrm{d}z$.

(1) 沿虚轴从点 $z=0$ 到 $z=\mathrm{i}$,再沿 $y=1$,从 $z=\mathrm{i}$ 到 $z=2+\mathrm{i}$;

(2) 沿抛物线 $y=\frac{1}{4}x^2$ 从 $z=0$ 到 $z=2+\mathrm{i}$.

解 (1) 如图3-4,OA: $x=0$, $0\leqslant y\leqslant 1$, AB: $y=1$, $0\leqslant x\leqslant 2$,则

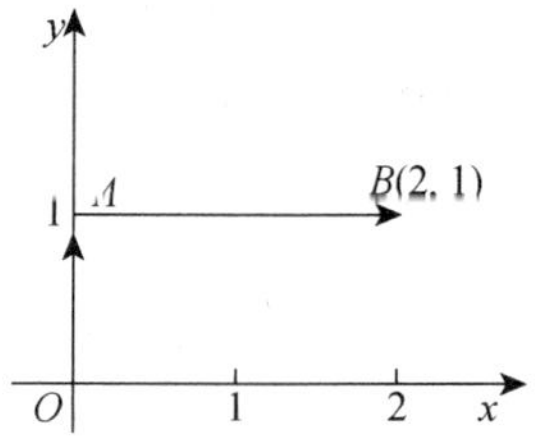

图 3-4

$$\int_C z^2\mathrm{d}z=\int_{OA}[-y^2\mathrm{d}(\mathrm{i}y)]+\int_{AB}(x+\mathrm{i})^2\mathrm{d}x$$

$$=-\mathrm{i}\int_0^1 y^2\mathrm{d}y+\int_0^2(x+\mathrm{i})^2\mathrm{d}x$$

$$=-\frac{i}{3}+\frac{(x+\mathrm{i})^3}{3}\Big|_0^2$$

$$=\frac{2}{3}+\frac{11}{3}\mathrm{i}.$$

(2) 如图 3-5,沿 $y=\frac{1}{4}x^2$ 时,

$OB: 0\leqslant x\leqslant 2,\ \mathrm{d}y=\frac{x}{2}\mathrm{d}x$,则

$$\begin{aligned}z^2&=(x+\mathrm{i}y)^2=x^2-y^2+2\mathrm{i}xy\\&=x^2-\frac{x^4}{16}+2\mathrm{i}x\cdot\frac{x^2}{4}\\&=x^2-\frac{x^4}{16}+\mathrm{i}\frac{x^3}{2}.\end{aligned}$$

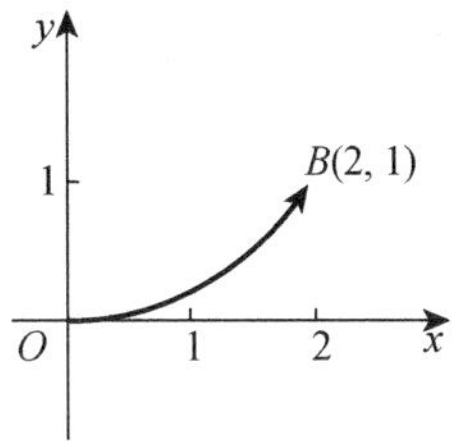

图 3-5

于是

$$\begin{aligned}\int_C z^2\mathrm{d}z&=\int_0^2\left[\left(x^2-\frac{x^4}{16}\right)\mathrm{d}x-\frac{x^3}{2}\cdot\frac{x}{2}\mathrm{d}x\right]+\mathrm{i}\int_0^2\left[\frac{x^3}{2}\mathrm{d}x+\left(x^2-\frac{x^4}{16}\right)\cdot\frac{x}{2}\mathrm{d}x\right]\\&=\int_0^2\left(x^2-\frac{5}{16}x^4\right)\mathrm{d}x+\mathrm{i}\int_0^2\left(x^3-\frac{x^5}{32}\right)\mathrm{d}x\\&=\frac{8}{3}-2+\mathrm{i}\left(4-\frac{1}{3}\right)\\&=\frac{2}{3}+\frac{11}{3}\mathrm{i}.\end{aligned}$$

此时会发现,起点和终点对应相同,$\int_0^{2+\mathrm{i}}z^2\mathrm{d}z$ 沿不同的路径积分结果是相同的,这不是巧合,而是因为被积函数是解析函数. 对此,我们有著名的柯西积分定理,将在 3.2 节重点讲解.

例 3(一个重要的积分)　计算$\oint_C\frac{1}{(z-z_0)^n}\mathrm{d}z\ (n\in\mathbf{Z})$,其中 C 表示以 z_0 为圆心,r 为半径的逆时针方向(即正向)的圆周.

解　C 的方程为 $|z-z_0|=r$,于是 C 的参数方程为

$$z-z_0=|z-z_0|(\cos\theta+\mathrm{i}\sin\theta)=r\mathrm{e}^{\mathrm{i}\theta},$$

即

$$z=z_0+r\mathrm{e}^{\mathrm{i}\theta},\ 0\leqslant\theta\leqslant 2\pi.$$

于是

$$\oint_C \frac{1}{(z-z_0)^n}dz=\int_0^{2\pi}\frac{1}{r^n e^{in\theta}}\cdot ire^{i\theta}d\theta=\frac{i}{r^{n-1}}\int_0^{2\pi}e^{-i(n-1)\theta}d\theta$$

$$=\frac{i}{r^{n-1}}\int_0^{2\pi}\cos(n-1)\theta d\theta-\frac{i}{r^{n-1}}\int_0^{2\pi}i\sin(n-1)\theta d\theta$$

$$=\begin{cases}2\pi i, & n=1,\\ 0, & n\neq 1.\end{cases}$$

本题的结论十分重要，以后会经常用到. 其特点是这个结果与积分路径圆周的中心和半径无关，可以当作公式使用.

特殊地，

$$\int_{|z|=r}\frac{1}{z^n}dz=\int_{|z|=r}z^{-n}dz=\begin{cases}2\pi i, & n=1,\\ 0, & n\neq 1,\end{cases}$$ 其中 $|z|=r$ 为正向.

例 4 计算 $\int_{|z|=3}\frac{\bar{z}}{z}dz$，其中 $|z|=3$ 为正向圆周.

解 $\int_{|z|=3}\frac{\bar{z}}{z}dz=\int_{|z|=3}\frac{\bar{z}z}{z^2}dz=\int_{|z|=3}\frac{|z|^2}{z^2}dz=9\int_{|z|=3}\frac{1}{z^2}dz=0.$

3.2 柯西积分定理

从 3.1 节举的例子可以知道，复积分的值，有时与积分路径有关(例 1)，有时又与路径无关(例 2). 因此就会产生一个问题：函数在什么条件下积分值与路径无关呢?

由于复变函数积分可以转化为实函数的曲线积分，因此复变函数积分与路径无关的问题，就可以转化为曲线积分与路径无关的问题. 而曲线积分与路径无关的条件等价于曲线积分沿任一简单闭曲线的值都为零. 于是研究复积分的值与路径无关可以归结为沿任一简单闭曲线积分为零的条件. 法国数学家柯西在 1825 年给出了这个问题的答案，人们称之为柯西积分定理，它是复变函数解析理论的基石.

3.2.1 柯西积分定理

定理 3.2.1 如果函数 $f(z)$ 在单连通区域 D 内解析，C 为 D 内任一条简单闭曲线，那么 $\oint_C f(z)dz=0$.

要直接证明这个定理是比较困难的，1851 年黎曼附加假设条件："$f'(z)$ 在 D 内连续"后给出下面的简单证明.

证明 设 $z=x+\mathrm{i}y$, $f(z)=u(x,y)+\mathrm{i}v(x,y)$. 由定理3.1.1得

$$\int_C f(z)\mathrm{d}z=\int_C(u\mathrm{d}x-v\mathrm{d}y)+\mathrm{i}\int_C(v\mathrm{d}x+u\mathrm{d}y).$$

因为 $f(z)$ 在 D 内解析且 $f'(z)$ 在 D 内连续,所以 u'_x, u'_y, v'_x, v'_y在D 内连续并满足柯西-黎曼方程:$u'_x=v'_y$, $u'_y=-v'_x$.

由格林公式可知

$$\int_C(u\mathrm{d}x-v\mathrm{d}y)=\iint_B\left(-\frac{\partial v}{\partial x}-\frac{\partial u}{\partial y}\right)\mathrm{d}\sigma=0,$$

$$\int_C(v\mathrm{d}x+u\mathrm{d}y)=\iint_B\left(\frac{\partial u}{\partial x}-\frac{\partial v}{\partial y}\right)\mathrm{d}\sigma=0,$$

其中 B 为 C 的内部,因此 $\oint_C f(z)\mathrm{d}z=0$.

而当 $f'(z)$ 在 D 内不连续时,古萨于1900年给出了上述定理的新的证明方法. 柯西积分定理的古萨证明比较长,此处略去.

有了柯西积分定理,本节开始提出的问题便可以回答.

定理 3.2.2 设 $f(z)$ 在单连通区域 D 内解析,z_1, z_2 为 D 内任意两点,C_1, C_2 为 D 内任意两条起于点 z_1 而终于点 z_2 的简单曲线,则

$$\int_{C_1}f(z)\mathrm{d}z=\int_{C_2}f(z)\mathrm{d}z.$$

即当 $f(z)$ 为区域 D 内解析函数时,积分与路径没有关系,而只与始点 z_1 和终点 z_2 有关,此时积分可记为 $\int_{z_1}^{z_2}f(z)\mathrm{d}z$.

例 1 计算 $\oint_C z\mathrm{e}^{2z}\mathrm{d}z$, C 为沿正方向一周的闭圆周.

解 因为函数 $f(z)=z\mathrm{e}^{2z}$ 在复平面上处处解析,故 $\oint_C z\mathrm{e}^{2z}\mathrm{d}z=0$.

定义 3.2.1 若在区域 D 内恒有 $F'(z)=f(z)$,则称 $F(z)$ 为 $f(z)$ 在区域 D 内的一个**原函数**.

容易得出,若 $G(z)$ 是 $f(z)$ 的一个原函数,则对于任意常数 C, $G(z)+C$ 也是 $f(z)$ 的一个原函数;而 $f(z)$ 的任一原函数必定可以用 $G(z)+C$ 来表示,其中 C 为某复常数. 因此,可以得到一个与实函数中的牛顿-莱布尼兹公式对应的解析函数的积分计算公式.

定理 3.2.3 若 $f(z)$ 在单连通区域 D 内解析,z_1, $z_0\in D$, $F(z)$ 为 $f(z)$ 在单

连通区域 D 内的一个原函数,则$\int_{z_0}^{z_1} f(z)\mathrm{d}z = F(z_1) - F(z_0)$.

证明 设$G(z) = \int_{z_0}^{z} f(z)\mathrm{d}z$,则 $G(z)$, $F(z)$ 均为 $f(z)$ 的原函数,故 $G(z) - F(z) = C$,其中 C 为某复常数. 令 $z = z_0$ 得,$G(z_0) - F(z_0) = C$,得 $C = -F(z_0)$. 从而

$$G(z_1) = F(z_1) + C = F(z_1) - F(z_0),$$

即

$$\int_{z_0}^{z_1} f(z)\mathrm{d}z = F(z_1) - F(z_0).$$

有了定理 3.2.3,实函数中关于积分计算的方法可以全部移植到复变函数中,如换元法、分部积分法等.

例 2 求$\int_0^{2+\mathrm{i}} z^2\mathrm{d}z$.

解 因为 $f(z) = z^2$ 在复平面上处处解析,故

$$\begin{aligned}\int_0^{2+\mathrm{i}} f(z)\mathrm{d}z &= \int_0^{2+\mathrm{i}} z^2\mathrm{d}z = \left.\frac{z^3}{3}\right|_0^{2+\mathrm{i}} \\ &= \frac{1}{3}\cdot(2+\mathrm{i})^3 - 0 \\ &= \frac{1}{3}(2+11\mathrm{i}).\end{aligned}$$

例 3 计算$\int_{AB} f(z)\mathrm{d}z$, $f(z) = (y+1) - \mathrm{i}x$, AB 为从 $z = 1$ 到 $z = -\mathrm{i}$ 的直线段.

解 因为 $f(z) = 1 - \mathrm{i}z$ 在复平面上处处解析,故

$$\begin{aligned}\int_{AB} f(z)\mathrm{d}z &= \int_1^{-\mathrm{i}}(1-\mathrm{i}z)\mathrm{d}z = \left.\left(z - \mathrm{i}\cdot\frac{z^2}{2}\right)\right|_1^{-\mathrm{i}} \\ &= \left[(-\mathrm{i}) - \mathrm{i}\cdot\frac{(-\mathrm{i})^2}{2}\right] - \left(1 - \frac{\mathrm{i}}{2}\right) \\ &= \left[-\mathrm{i} + \frac{\mathrm{i}}{2}\right] - 1 + \frac{\mathrm{i}}{2} \\ &= -1.\end{aligned}$$

多连通区域是今后会经常碰到的区域,下面将柯西积分定理推广到多连通区域.

3.2.2　柯西积分定理的推广

考虑 $n+1$ 条分段光滑的闭曲线 $c_0, c_1, c_2, \cdots, c_n$，其中 $c_1, c_2, \cdots, c_n$ 都包含在 c_0 内，$c_0, c_1, c_2, \cdots, c_n$ 中每条都在其余各闭曲线的外部（互不包含也互不相交）. 这样位于 c_0 内和 $c_1, c_2, \cdots, c_n$ 外部的点构成复连通域 D（图 3-6），这种情形下，称区域 D 的边界是一条复合闭路，记为 c，即 $c=c_0+c_1^-+c_2^-+\cdots+c_n^-$，它包括了取正向的 c_0 以及取负向的 $c_1, c_2, \cdots, c_n$. 换句话说，假如观察者沿着 c 绕行时，区域 D 内的点总在他的左手边.

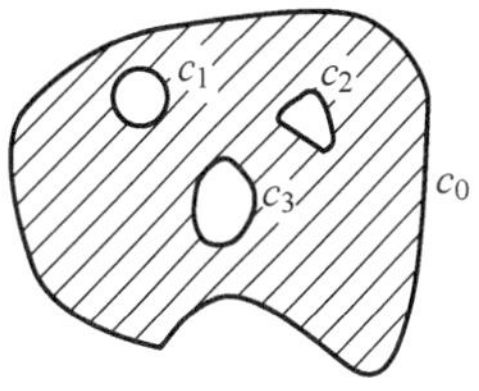

图 3-6

定理 3.2.4（复合闭路定理）　设 D 是由复合闭路 $\Gamma=C+C_1^-+C_2^-+\cdots+C_n^-$ 所围成的有 n 个“洞”的复连通域，若 $f(z)$ 在 D 内解析，并在 $\bar{D}=D+\Gamma$ 上连续，则有

$$\oint_\Gamma f(z)\mathrm{d}z=0,$$

或写成

$$\oint_C f(z)\mathrm{d}z=\sum_{k=1}^{n}\oint_{C_k} f(z)\mathrm{d}z.$$

例 4　计算 $\oint_C \frac{\mathrm{d}z}{z^2-1}$，$C$ 是正向圆周 $|z|=2$.

解　在圆 $|z|<2$ 内，函数 $\frac{1}{z^2-1}$ 除 $z=\pm1$ 外均为解析. 以 $z=\pm1$ 为中心，以 $\frac{1}{2}$ 为半径做两个圆周 C_1 及 C_2，把两个圆“挖掉”，在 $|z|<2$ 内，就出现两个“洞”（图 3-7），由定理 3.2.4，得

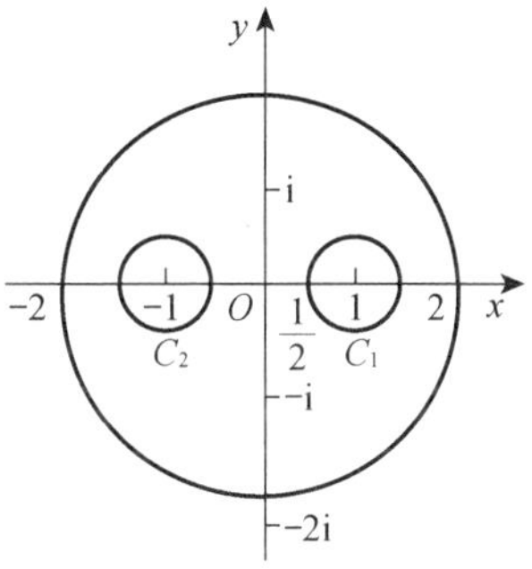

图 3-7

$$\oint_C \frac{\mathrm{d}z}{z^2-1}=\oint_{C_1}\frac{\mathrm{d}z}{z^2-1}+\oint_{C_2}\frac{\mathrm{d}z}{z^2-1}.$$

又由

$$\oint_{C_1}\frac{\mathrm{d}z}{z^2-1}=\frac{1}{2}\left[\int_{C_1}\frac{\mathrm{d}z}{z-1}-\int_{C_1}\frac{\mathrm{d}z}{z+1}\right]=\frac{1}{2}[2\pi\mathrm{i}-0]=\pi\mathrm{i},$$

$$\oint_{C_2}\frac{\mathrm{d}z}{z^2-1}=\frac{1}{2}\left[\int_{C_2}\frac{\mathrm{d}z}{z-1}-\int_{C_2}\frac{\mathrm{d}z}{z+1}\right]=\frac{1}{2}[0-2\pi\mathrm{i}]=-\pi\mathrm{i},$$

所以

$$\oint_C \frac{\mathrm{d}z}{z^2-1}=\oint_{C_1}\frac{\mathrm{d}z}{z^2-1}+\oint_{C_2}\frac{\mathrm{d}z}{z^2-1}=\pi\mathrm{i}-\pi\mathrm{i}=0.$$

3.3 柯西积分公式

3.3.1 柯西积分公式

设函数 $f(z)$ 在以圆 C：$|z-z_0|<r_1$ 为边界的区域上解析，由柯西积分定理，$f(z)$ 沿曲线 C 的积分为零. 考虑积分

$$I=\oint_C \frac{f(z)}{z-z_0}\mathrm{d}z,$$

由于被积函数在曲线 C 上连续，积分 I 存在；但是 $\frac{f(z)}{z-z_0}$ 在该区域内不解析，此时相应的 I 值不一定为零.

下面考虑当 $f(z)$ 为解析函数时，做一个以 z_0 为中心，以 $r(0<r<r_1)$ 为半径的圆 C_1. 由复合闭路定理知，

$$\oint_C \frac{f(z)}{z-z_0}\mathrm{d}z=\oint_{C_1}\frac{f(z)}{z-z_0}\mathrm{d}z.$$

上式对满足 $0<r<r_1$ 的任意 r 都成立. 因此，I 的值与 $f(z)$ 在 z_0 点邻近的值有关. 我们有如下定理.

定理 3.3.1(柯西积分公式) 若 $f(z)$ 在区域 D 内解析，在闭区域 D 及边界 C 上是连续的，在 D 内任意一点 z_0 处的函数值 $f(z_0)$ 可用 $f(z)$ 的积分表示

$$f(z_0)=\frac{1}{2\pi\mathrm{i}}\oint_C \frac{f(z)}{z-z_0}\mathrm{d}z.$$

证明 由于 $f(z)$ 在点 z_0 解析，则对于任意给定的 $\varepsilon>0$，总存在 $\delta(\varepsilon)>0$，使得当 $|z-z_0|<\delta$ 时，有 $|f(z)-f(z_0)|<\varepsilon$ 成立.

因为 z_0 是 D 的内点，所以存在以 z_0 为圆心，以 $r(r<\delta)$ 为半径的圆周 C_1 全包含在 D 内. 另外，由定理 3.2.4 得

$$\oint_C \frac{f(z)}{z-z_0}dz=\oint_{C_1} \frac{f(z)}{z-z_0}dz=\oint_{C_1} \frac{f(z_0)}{z-z_0}dz+\oint_{C_1} \frac{f(z)-f(z_0)}{z-z_0}dz$$
$$=2\pi i f(z_0)+\oint_{C_1} \frac{f(z)-f(z_0)}{z-z_0}dz.$$

由积分性质可知

$$\left|\oint_{C_1} \frac{f(z)-f(z_0)}{z-z_0}dz\right|\leqslant\oint_{C_1} \frac{|f(z)-f(z_0)|}{|z-z_0|}ds$$
$$\leqslant\frac{\varepsilon}{r}\oint_{C_1} ds=2\pi\varepsilon,$$

又因 ε 的任意性,得

$$\oint_{C_1} \frac{f(z)-f(z_0)}{z-z_0}dz=0,$$

因此

$$f(z_0)=\frac{1}{2\pi i}\oint_C \frac{f(z)}{z-z_0}dz.$$

由上式可得:$\oint_C \frac{f(z)}{z-z_0}dz=2\pi i f(z_0)$,这是一个很有用的积分计算公式.它将复变函数的积分转化为 $2\pi i$ 与函数值的乘积.

例 1　计算积分 $\oint_C \frac{dz}{z}$,沿正向圆周 $C: |z|=2$.

解　令 $f(z)=1$, $z_0=0$,由于函数 $f(z)=1$ 在 $|z|=2$ 内解析,由柯西积分公式得

$$f(0)=\frac{1}{2\pi i}\oint_C \frac{f(z)}{z}dz,$$

所以

$$\oint_C \frac{dz}{z}=2\pi i f(0)=2\pi i.$$

例 2　沿正向圆周 $C: |z-1|=3$,计算 $\oint_C \frac{\cos z}{z-\pi}dz$.

解　$f(z)=\cos z$ 在 $|z-1|=3$ 内解析,得

$$\oint_C \frac{\cos z}{z-\pi}dz = 2\pi i \cos\pi = -2\pi i.$$

注意 从上面例题，由柯西积分公式可得一个常用的结论：
设 z_0 是闭曲线 C 内部一点，则

$$\oint_C \frac{1}{z-z_0}dz = 2\pi i.$$

例 3 沿正向圆周 $C: |z| = 2$，计算 $\oint_C \frac{z}{(9-z^2)(z+i)}dz$.

解 $f(z) = \frac{z}{9-z^2}$ 在 $C: |z| = 2$ 内解析，$z_0 = -i$，得

$$\oint_C \frac{z}{(9-z^2)(z+i)}dz = \oint_C \frac{\frac{z}{(9-z^2)}}{z-(-i)}dz$$

$$= 2\pi i \frac{z}{(9-z^2)}\bigg|_{z=-i} = \frac{\pi}{5}.$$

3.3.2 解析函数的高阶导数

在高等数学中，一个函数在某一区间上可导，并不能保证它的高阶导数也存在，但在复变函数中，如果一函数在某一区域内解析，由柯西积分公式知，该解析函数是无穷次可微的，即一个解析函数有各阶导数.

定理 3.3.2 解析函数 $f(z)$ 的导数仍是解析函数，它的 n 阶导数为

$$f^{(n)}(z_0) = \frac{n!}{2\pi i}\oint_C \frac{f(z)}{(z-z_0)^{n+1}}dz.$$

其中，C 为函数 $f(z)$ 在解析区域 D 内围绕 z_0 的任何一条正向简单闭曲线，且它的内部含于 D.

证明 先对 $n-1$ 的情形进行证明，即证 $f'(z_0) = \frac{1}{2\pi i}\oint_C \frac{f(z)}{(z-z_0)^2}dz$.

设 δ 为点 z_0 到边界线 C 上的最短距离，于是，当 $|h| < \delta$ 时，$z_0 + h$ 在 D 内，由柯西积分公式知，

$$f(z_0) = \frac{1}{2\pi i}\oint_C \frac{f(z)}{(z-z_0)}dz,$$

$$f(z_0+h) = \frac{1}{2\pi i}\oint_C \frac{f(z)}{(z-z_0-h)}dz,$$

从而

$$\frac{f(z_0+h)-f(z_0)}{h}=\frac{1}{2\pi i}\oint_C \frac{f(z)}{(z-z_0-h)(z-z_0)}dz.$$

当 $h\to 0$ 时,上式左边的极限为 $f'(z_0)$. 因此,只要证明

$$\lim_{h\to 0}\oint_C \frac{f(z)}{(z-z_0-h)(z-z_0)}dz=\oint_C \frac{f(z)}{(z-z_0)^2}dz$$

即可. 为此作差

$$\left|\oint_C \frac{f(z)}{(z-z_0-h)(z-z_0)}dz-\oint_C \frac{f(z)}{(z-z_0)^2}dz\right|=\left|\oint_C \frac{hf(z)}{(z-z_0-h)(z-z_0)^2}dz\right|.$$

由于 $|z-z_0|\geqslant\delta$, $|z-z_0-h|\geqslant|z-z_0|-|h|\geqslant\delta-|h|$,且 $f(z)$ 在 C 上连续,故存在正常数 $M>0$,使得 $|f(z)|\leqslant M$,
所以

$$\left|\oint_C \frac{hf(z)}{(z-z_0-h)(z-z_0)^2}dz\right|\leqslant\frac{|h|M}{\delta^2(\delta-|h|)}L\to 0\ (h\to 0),$$

其中 L 为 C 的弧长.
这就证明了

$$\lim_{h\to 0}\oint_C \frac{f(z)}{(z-z_0-h)(z-z_0)}dz=\oint_C \frac{f(z)}{(z-z_0)^2}dz,$$

即

$$f'(z_0)=\frac{1}{2\pi i}\oint_C \frac{f(z)}{(z-z_0)^2}dz.$$

当 $n\geqslant 2$ 时,可用数学归纳法证得.

注意　高阶导数公式的作用,不在于通过积分来求导,而在于通过求导数来求积分.

例 4　计算 $\oint_{|z-i|=1}\frac{\sin z}{(z-i)^3}dz$(沿正向圆周).

解　函数 $f(z)=\sin z$ 在 $|z-i|\leqslant 1$ 上解析,
所以

$$\oint_{|z-i|=1}\frac{\sin z}{(z-i)^3}dz=\frac{1}{2!}\cdot 2\pi i\cdot(\sin z)''\big|_{z=i}=-\pi i\sin i=\frac{\pi}{2}(e-e^{-1}).$$

例 5 计算$\oint_C \frac{\cos \pi z}{(z-1)^5}\mathrm{d}z$,沿正向圆周 C:$|z|=r>1$.

解 因为 $\cos \pi z$ 在 $|z|\leqslant r(r>1)$ 上处处解析,由定理 3.3.2,得

$$\oint_C \frac{\cos \pi z}{(z-1)^5}\mathrm{d}z=\frac{2\pi \mathrm{i}}{(5-1)!}(\cos \pi z)^{(4)}\Big|_{z=1}=-\frac{\pi^5 \mathrm{i}}{12}.$$

例 6 计算$\oint_{|z-\mathrm{i}|=1}\frac{1}{(z^2+1)^2}\mathrm{d}z$(沿正向圆周).

解 由$\frac{1}{(z^2+1)^2}=\frac{\frac{1}{(z+\mathrm{i})^2}}{(z-\mathrm{i})^2}$,而$\frac{1}{(z+\mathrm{i})^2}$在 $|z-\mathrm{i}|\leqslant 1$ 上解析,由定理 3.3.2,得

$$\oint_{|z-\mathrm{i}|=1}\frac{1}{(z^2+1)^2}\mathrm{d}z=\oint_{|z-\mathrm{i}|=1}\frac{\frac{1}{(z+\mathrm{i})^2}}{(z-\mathrm{i})^2}\mathrm{d}z=2\pi i\left[\frac{1}{(z+\mathrm{i})^2}\right]'\Bigg|_{z=\mathrm{i}}=\frac{\pi}{2}.$$

本章小结

在本章中,先介绍了复变函数积分的概念、性质和计算方法,其次介绍了关于复变函数积分的柯西积分定理及其推广——复合闭路定理.在此基础上,建立柯西积分公式,然后利用这一重要公式证明解析函数的导数仍然是解析函数这一重要结论,从而得出高阶导数公式.

需要注意的几个方面:

(1) 理解复变函数积分的定义、性质.

(2) 要掌握复变函数积分存在的条件和计算法(参数法、曲线积分法).

(3) 熟悉一个重要积分公式:

$$\oint_C \frac{1}{(z-z_0)^n}\mathrm{d}z=\begin{cases}2\pi \mathrm{i}, & n=1,\\ 0, & n\neq 1.\end{cases}$$

(4) 理解并掌握柯西积分定理及其在求解沿闭曲线积分问题的应用方法——单连通区域上的解析函数沿简单闭曲线的积分为零.

(5) 了解变上限函数、原函数、不定积分的概念及其相互关系.

(6) 熟悉并熟练运用解析函数在曲线弧段上的积分公式.

(7) 熟悉解析函数的柯西积分公式与高阶导数公式,掌握应用公式计算解析函数相关积分的计算方法.

习　题　3

1. 计算沿下列路径的积分 $\int_0^{3+\mathrm{i}}(x^2-y^2+2xy\mathrm{i})\mathrm{d}z$：

(1) 从原点到 $3+\mathrm{i}$ 的直线段；

(2) 从原点沿实轴到 3，再由 3 垂直向上到 $3+\mathrm{i}$；

(3) 沿曲线 $y=\dfrac{x^2}{9}$ 从原点到 $3+\mathrm{i}$.

2. 分别沿 $y=x$ 和 $y=x^2$ 计算积分 $\int_0^{1+\mathrm{i}}(x^2+\mathrm{i}y)\mathrm{d}z$.

3. 计算积分 $\oint_C \dfrac{\bar{z}}{|z|}\mathrm{d}z$ 的值，其中 C 为正向圆周 $|z|=a(a>0)$.

4. 试用观察法计算下列积分的值，其中 C 为正向圆周 $|z|=1$：

(1) $\oint_C \dfrac{1}{z-2}\mathrm{d}z$；

(2) $\oint_C \dfrac{1}{z^2+2z+4}\mathrm{d}z$；

(3) $\oint_C \dfrac{1}{\cos z}\mathrm{d}z$；

(4) $\oint_C \dfrac{1}{2z-1}\mathrm{d}z$；

(5) $\oint_C z\mathrm{e}^2\mathrm{d}z$；

(6) $\oint_C \dfrac{1}{\left(z-\dfrac{\mathrm{i}}{2}\right)(z+2)}\mathrm{d}z$.

5. 沿指定曲线的正向计算下列积分：

(1) $\oint_C \dfrac{\mathrm{e}^z}{z-2}\mathrm{d}z$，其中 C：$|z-2|=1$；

(2) $\oint_C \dfrac{1}{z^2-a^2}\mathrm{d}z$，其中 C：$|z-a|=a\ (a>0)$；

(3) $\oint_C \dfrac{\mathrm{e}^{\mathrm{i}z}}{z^2+1}\mathrm{d}z$，其中 C：$|z-2\mathrm{i}|=\dfrac{3}{2}$；

(4) $\oint_C \dfrac{\sin z}{z}\mathrm{d}z$，其中 C：$|z|=1$.

6. 沿指定曲线的正向计算下列积分：

(1) $\oint_C \dfrac{\mathrm{e}^z}{z^5}\mathrm{d}z$，其中 C：$|z|=1$；

(2) $\oint_C \dfrac{\sin z}{(z-\pi)^2}\mathrm{d}z$，其中 C：$|z|=4$.

7. 计算积分 $\oint_C \dfrac{\mathrm{e}^z}{z(z^2-1)}\mathrm{d}z$，其中 C 为正向圆周：$|z|=4$.

8. 计算积分$\oint_C\left(\frac{5}{z+1}-\frac{3}{z+2\mathrm{i}}\right)\mathrm{d}z$，其中$C$为正向圆周：$|z|=4$.

9. 计算积分$\oint_C\frac{\mathrm{e}^z}{z}\mathrm{d}z$，其中$C$为正向圆周：$|z|=1$，并证明：$\int_0^{\pi}\mathrm{e}^{\cos\theta}\cos(\sin\theta)\mathrm{d}\theta=\pi$.

复习题 3

1. 填空题.

(1) 计算积分$\int_C \mathrm{Im}\, z\mathrm{d}z=$__________，其中$C$是从原点到点$2+\mathrm{i}$的直线段.

(2) 若C为正向圆周$|z|=3$，则$\oint_C\frac{2z-1}{z(z-1)}\mathrm{d}z=$__________.

(3) 若C为负向圆周$|z-3|=1$，则$\oint_C\frac{z^2-3z+2}{(z-3)^2}\mathrm{d}z=$__________.

(4) 若C_1：$|z|=1$(负向)，C_2：$|z|=2$(正向)，则$\oint_{C_1+C_2}\frac{\sin z}{z^3}\mathrm{d}z=$__________.

(5) 计算积分$\int_0^2 z^2\mathrm{d}z=$__________，$\oint_{x^2+y^2=2x}\cos z\mathrm{d}z=$__________.

(6) 计算积分$\oint_{|z|=\frac{3}{2}}\frac{1}{z-2}\mathrm{d}z=$__________，$\int_a^b z^3\mathrm{d}z=$__________.

2. 选择题.

(1) 若C为正向圆周$|z|=\frac{1}{2}$，则$\oint_C\frac{z^2\cos\frac{1}{z-2}}{(1-z)^2}\mathrm{d}z$的值为(　　).

(A) $2\pi\mathrm{i}(3\cos 1-\sin 1)$　　(B) 0

(C) $6\pi\mathrm{i}\cos 1$　　(D) $-2\pi\mathrm{i}\sin 1$

(2) 设C是区域D内的简单正向闭曲线，$f(z)$在D内解析，则(　　).

(A) $\oint_C\frac{f(z)}{z-z_0}\mathrm{d}z=2\pi\mathrm{i}$　　(B) $\oint_C\frac{f(z)}{(z-z_0)^{n+1}}\mathrm{d}z=\frac{2\pi\mathrm{i}}{n!}f^{(n)}(z_0)$

(C) $\oint_C f(z)\mathrm{d}z=0$　　(D) $\oint_C f(z)\mathrm{d}z=2\pi\mathrm{i}$

(3) 下列命题中，不正确的是(　　).

(A) $\left|\int_C(x^2+\mathrm{i}y^2)\mathrm{d}z\right|\leqslant 2$，其中$C$为$-\mathrm{i}$到$\mathrm{i}$的直线段

(B) 积分$\oint_{|z-z_0|=1}\frac{1}{(z-z_0)^n}\mathrm{d}z$($n$为正整数)与$n$无关

(C) 若在区域 D 内 $f'(z)=g(z)$，则在 D 内 $g'(z)$ 存在且解析

(D) 设 $f(z)$ 在单连通区域 D 内处处解析且不为零，C 为 D 内任一条简单闭曲线，则积分

$$\oint_C \frac{f''(z)+2f'(z)+f(z)}{f(z)}\mathrm{d}z=0$$

3. 判断题.

(1) 设 $f(z)$ 在单连通区域 D 内解析且不为零，C 是 D 内的任意一条简单闭曲线，则积分 $\oint_C \frac{f'''(z)}{f(z)}\mathrm{d}z$ 不为零.　(　　)

(2) 若 $f(z)$ 在区域 D 内解析，则 $f(z)$ 在 D 内有任意阶的导数.　(　　)

(3) 若函数 $f(z)$ 在区域 D 内解析，则 $f(z)$ 沿 D 内任意闭曲线积分都为零.　(　　)

4. 计算积分 $\int_0^{1+\mathrm{i}}[(x-y)+\mathrm{i}x^2]\mathrm{d}z$，积分路径从原点沿实轴至 1，再由 1 铅直向上至 $1+\mathrm{i}$.

5. 计算积分 $\int_{-\mathrm{i}}^{\mathrm{i}}|z|\mathrm{d}z$，其中积分路径为：

(1) 直线段；

(2) 左半圆周 $|z|=1$.

6. 计算积分 $\oint_C(|z|-\mathrm{e}^z\cos z)\mathrm{d}z$，其中 C 为正向圆周 $|z|=r(r>0)$.

7. 计算下列积分：

(1) $\int_0^{\mathrm{i}}(3\mathrm{e}^z+2z)\mathrm{d}z$；(2) $\int_0^{\pi+2\mathrm{i}}\cos\frac{z}{2}\mathrm{d}z$；(3) $\int_0^1 z\sin z\mathrm{d}z$；(4) $\int_1^{1+\mathrm{i}}z\mathrm{e}^z\mathrm{d}z$.

8. 求 $\oint_C \frac{z}{(9-z^2)(z+\mathrm{i})}\mathrm{d}z$，其中 C 为正向圆周：$|z|=2$.

9. 计算积分 $\oint_C \frac{1}{z(z^2+1)}\mathrm{d}z$，其中 C 为正向圆周：

(1) $|z|=\frac{1}{2}$；(2) $|z+\mathrm{i}|=\frac{1}{2}$；(3) $|z-\mathrm{i}|=\frac{3}{2}$；(4) $|z|=\frac{3}{2}$.

10. 求积分 $\oint_C \frac{\mathrm{e}^z+2}{(z-1)^4}\mathrm{d}z$，其中 C 为正向圆周：$\left|z-\frac{1}{2}\right|=1$.

11. 求 $\oint_C \frac{1}{z+2}\mathrm{d}z$，其中 C 为正向圆周：$|z|=1$，由此证明 $\int_0^{\pi}\frac{1+2\cos\theta}{5+4\cos\theta}\mathrm{d}\theta=0$.

12. 证明：$\left|\int_{-\mathrm{i}}^{\mathrm{i}}(x^2+\mathrm{i}y^2)\mathrm{d}z\right|\leqslant 2$，积分路线是直线段.

第 4 章　级　数

前面两章我们用微分和积分的方法研究了解析函数的性质. 本章我们将用级数的方法研究解析函数的性质. 首先介绍复数项级数的一些基本概念与性质; 其次研究幂级数的收敛域及其和函数; 最后重点介绍解析函数在不同定义域内的幂级数表示形式 —— 泰勒(Taylor) 级数和洛朗(Laurent) 级数.

4.1　复级数的概念与性质

4.1.1　复数项级数

定义 4.1.1　设$\{\alpha_n\}=\{a_n+\mathrm{i}b_n\}(n\in\mathbf{Z}^+)$为一复数列,称

$$\sum_{n=1}^{\infty}\alpha_n=\alpha_1+\alpha_2+\cdots+\alpha_n+\cdots \tag{4-1}$$

为**复数项级数**,简称**级数**.

复数项级数(4-1) 的前 n 项的和 $s_n=\alpha_1+\alpha_2+\cdots+\alpha_n$ 称为级数的**部分和**.

根据复数列$\{s_n\}$是否有极限,引入了复数项级数收敛与发散的概念.

定义 4.1.2　如果部分和数列$\{s_n\}$有极限 s,即$\lim\limits_{n\to\infty}s_n=s$,则称级数$\sum\limits_{n=1}^{\infty}\alpha_n$ **收敛**,并且极限 s 称为级数的**和**,记$\sum\limits_{n=1}^{\infty}\alpha_n=s$;如果数列$\{s_n\}$没有极限,则称级数$\sum\limits_{n=1}^{\infty}\alpha_n$ **发散**.

显然,当级数收敛时,其部分和 s_n 是级数和 s 的近似值,它们之间的差

$$r_n=s-s_n=\alpha_{n+1}+\alpha_{n+2}+\alpha_{n+3}+\cdots$$

称为级数的**余项**.

从上述定义可以看出,级数的敛散性与数列极限有着紧密的联系.

例1 判断级数$\sum_{n=0}^{\infty}\frac{5i}{3^n}$的敛散性.

解

$$s_n=5i+\frac{5i}{3}+\frac{5i}{3^2}+\cdots+\frac{5i}{3^{n-1}}=5i\left[\frac{3}{2}\left(1-\frac{1}{3^n}\right)\right],$$

由于$\lim_{n\to\infty}s_n=\frac{15}{2}i$,级数$\sum_{n=0}^{\infty}\frac{5i}{3^n}$收敛于$\frac{15}{2}i$.

除了用定义来判断级数的敛散性,还有下述定理来判定:

定理4.1.1 设$\{\alpha_n\}=\{a_n+ib_n\}(n=1,2,\cdots)$,$a_n$及$b_n$为实数,则复级数$\sum_{n=1}^{\infty}\alpha_n$收敛于$s=a+ib(a,b$为实数)的充分必要条件为实级数$\sum_{n=1}^{\infty}a_n$及$\sum_{n=1}^{\infty}b_n$分别收敛于$a$及$b$.

证明 设$s_n=\sum_{k=1}^{n}\alpha_k=\sum_{k=1}^{n}a_k+i\sum_{k=1}^{n}b_k$,因为$\sum_{n=1}^{\infty}\alpha_n=s$,所以$\lim_{n\to\infty}s_n=s=a+ib$,因此$\sum_{n=1}^{\infty}a_n=a$且$\sum_{n=1}^{\infty}b_n=b$.

以上过程可逆,从而定理得证.

例2 考察级数$\sum_{n=1}^{\infty}\left(\frac{1}{n}+\frac{i}{2^n}\right)$的敛散性.

解 因$\sum_{n=1}^{\infty}\frac{1}{n}$发散,$\sum_{n=1}^{\infty}\frac{1}{2^n}$收敛,所以$\sum_{n=1}^{\infty}\left(\frac{1}{n}+\frac{i}{2^n}\right)$发散.

定理4.1.1将复数项级数的收敛问题转化为两个实数项级数的收敛问题,而由实数项级数$\sum_{n=1}^{\infty}a_n$和$\sum_{n=1}^{\infty}b_n$收敛的必要条件$\lim_{n\to\infty}a_n=0$,$\lim_{n\to\infty}b_n=0$,可得$\lim_{n\to\infty}\alpha_n=0$,从而得出如下定理.

定理4.1.2 复数项级数$\sum_{n=1}^{\infty}\alpha_n$收敛的必要条件是$\lim_{n\to\infty}\alpha_n=0$.

在判断复级数的敛散性时,常用该定理的逆否命题判定所给级数的发散性.

推论4.1.1 若$\lim_{n\to\infty}\alpha_n\neq0$,则级数$\sum_{n=1}^{\infty}\alpha_n$一定发散.

定理4.1.3 如果$\sum_{n=1}^{\infty}|\alpha_n|$收敛,那么$\sum_{n=1}^{\infty}\alpha_n$必定收敛.

证明 设$\alpha_n=a_n+ib_n$,$\sum_{n=1}^{\infty}|\alpha_n|=\sum_{n=1}^{\infty}\sqrt{a_n^2+b_n^2}$.

因 $|a_n|\leqslant\sqrt{a_n^2+b_n^2}$，$|b_n|\leqslant\sqrt{a_n^2+b_n^2}$，且 $\sum_{n=1}^{\infty}|\alpha_n|$ 收敛，由实数项级数的比较判别法可知，$\sum_{n=1}^{\infty}|a_n|$ 和 $\sum_{n=1}^{\infty}|b_n|$ 都收敛，因此 $\sum_{n=1}^{\infty}a_n$ 和 $\sum_{n=1}^{\infty}b_n$ 都收敛. 由定理 4.1.1 可知，$\sum_{n=1}^{\infty}\alpha_n$ 收敛.

类似于实数项级数，若级数 $\sum_{n=1}^{\infty}|\alpha_n|$ 收敛，则称复数项级数 $\sum_{n=1}^{\infty}\alpha_n$ **绝对收敛**. 由定理4.1.3 可知，绝对收敛的级数一定是收敛的. 反过来，$\sum_{n=1}^{\infty}\alpha_n$ 收敛，$\sum_{n=1}^{\infty}|\alpha_n|$ 却不一定收敛. 若级数 $\sum_{n=1}^{\infty}\alpha_n$ 收敛，而 $\sum_{n=1}^{\infty}|\alpha_n|$ 发散，此时称级数 $\sum_{n=1}^{\infty}\alpha_n$ **条件收敛**.

注意　对于一般的级数 $\sum_{n=1}^{\infty}\alpha_n$，若能用正项级数判别法判定级数 $\sum_{n=1}^{\infty}|\alpha_n|$ 收敛，则级数 $\sum_{n=1}^{\infty}\alpha_n$ 收敛. 这样就会使得有一些级数的敛散性判定可以转化为正项级数的敛散性判定问题.

例 3　判别下列级数是否收敛，若收敛，是绝对收敛还是条件收敛?

(1) $\sum_{n=1}^{\infty}\frac{1}{n}\left(1+\frac{\mathrm{i}}{2}\right)$；　　(2) $\sum_{n=1}^{\infty}\frac{(\mathrm{i})^n}{n!}$；

(3) $\sum_{n=1}^{\infty}\left[\frac{(-1)^n}{n}+\frac{\mathrm{i}}{2^n}\right]$.

解　(1) 因为 $\sum_{n=1}^{\infty}\frac{1}{n}$ 发散，所以级数 $\sum_{n=1}^{\infty}\frac{1}{n}\left(1+\frac{\mathrm{i}}{n}\right)$ 发散.

(2) 由于 $\sum_{n=1}^{\infty}\left|\frac{(\mathrm{i})^n}{n!}\right|=\sum_{n=1}^{\infty}\frac{1}{n!}$，由正项级数的比值判别法知，$\sum_{n=1}^{\infty}\frac{1}{n!}$ 收敛，故原级数绝对收敛.

(3) 级数 $\sum_{n=1}^{\infty}\left|\frac{(-1)^n}{n}+\frac{\mathrm{i}}{2^n}\right|=\sum_{n=1}^{\infty}\sqrt{\frac{1}{n^2}+\left(\frac{1}{2^n}\right)^2}$，而 $\sqrt{\frac{1}{n^2}+\left(\frac{1}{2^n}\right)^2}>\frac{1}{n}$，级数 $\sum_{n=1}^{\infty}\frac{1}{n}$ 发散，故 $\sum_{n=1}^{\infty}\left|\frac{(-1)^n}{n}+\frac{\mathrm{i}}{2^n}\right|$ 发散.

又因为 $\sum_{n=1}^{\infty}\frac{(-1)^n}{n}$ 为交错级数，由莱布尼兹判别法知，$\sum_{n=1}^{\infty}\frac{(-1)^n}{n}$ 收敛，而级数 $\sum_{n=1}^{\infty}\frac{1}{2^n}$ 收敛，所以 $\sum_{n=1}^{\infty}\left[\frac{(-1)^n}{n}+\frac{\mathrm{i}}{2^n}\right]$ 收敛. 于是原级数条件收敛.

例 4　当 $|z|<1$ 时，判断级数 $\sum_{n=0}^{\infty}z^n$ 的敛散性.

解　部分和 $s_n = 1 + z + z^2 + \cdots + z^{n-1} = \dfrac{1-z^n}{1-z} = \dfrac{1}{1-z} - \dfrac{z^n}{1-z}$，当 $|z| < 1$ 时，由于 $\lim\limits_{n\to\infty} |z|^n = 0$，

$$\lim_{n\to\infty}\left|\frac{z^n}{1-z}\right| = \lim_{n\to\infty}\frac{|z|^n}{|1-z|} = 0,$$

所以

$$\lim_{n\to\infty}\frac{z^n}{1-z} = 0,$$

故

$$\lim_{n\to\infty} s_n = \lim_{n\to\infty}\left(\frac{1}{1-z} - \frac{z^n}{1-z}\right) = \frac{1}{1-z}.$$

即当 $|z| < 1$ 时，级数 $\sum\limits_{n=0}^{\infty} z^n$ 收敛于 $\dfrac{1}{1-z}$.

4.1.2　复函数项级数

定义 4.1.3　如果给定一个定义在区域 D 上的复变函数列

$$f_1(z),\ f_2(z),\ f_3(z),\ \cdots,\ f_n(z),\ \cdots,$$

则称表达式

$$\sum_{n=1}^{\infty} f_n(z) = f_1(z) + f_2(z) + \cdots + f_n(z) + \cdots \tag{4-2}$$

为定义在区域 D 上的**复函数项级数**. $f_n(z)$ 称为该级数的**通项**. 任意给定 $z_0 \in D$，将 z_0 代入复函数项级数 $\sum\limits_{n-1}^{\infty} f_n(z)$，它就变成了一个复数项级数

$$\sum_{n=1}^{\infty} f_n(z_0) = f_1(z_0) + f_2(z_0) + \cdots + f_n(z_0) + \cdots. \tag{4-3}$$

定义 4.1.4　如果复数项级数式(4-3) 收敛，则称复函数项级数式(4-2) 在 $z = z_0$ 处收敛，z_0 称为 $\sum\limits_{n=1}^{\infty} f_n(z)$ 的**收敛点**；否则，称复函数项级数式(4-2) 在 $z = z_0$ 处发散，z_0 称为 $\sum\limits_{n=1}^{\infty} f_n(z)$ 的**发散点**. 级数式(4-3) 的全体收敛点构成的集合称为该级数的**收敛域**，全体发散点构成的集合称为该级数的**发散域**.

设复函数项级数式(4-2)的收敛域为 $D_0 \subseteq D$,则 $\forall z \in D_0$,级数 $\sum_{n=1}^{\infty} f_n(z)$ 是一个收敛的复数项级数,因而有一个确定的和 s. 于是在收敛域 D_0 上,复函数项级数 $\sum_{n=1}^{\infty} f_n(z)$ 的和是 z 的函数 $s(z)$,称 $s(z)$ 为该级数的**和函数**,和函数的定义域即收敛域,且记为

$$s(z) = \sum_{n=1}^{\infty} f_n(z) \quad (z \in D_0).$$

此时,也称级数式(4-2)在 D_0 上收敛于 $s(z)$.

式(4-2)的前 n 项和 $s_n(z) = \sum_{k=1}^{n} f_k(z)$,称 $s_n(z)$ 为式(4-2)的**部分和**. 当 $z \in D_0$ 时,$\lim_{n\to\infty} s_n(z) = s(z)$. 记 $r_n(z) = s(z) - s_n(z)$, $r_n(z)$ 叫做式(4-2)的**余项**. 在收敛域上有 $\lim_{n\to\infty} r_n(z) = 0$.

例如,例 4 中的级数 $1 + z + z^2 + \cdots + z^n + \cdots$ 在区域 $|z| < 1$ 内收敛,且在该区域内的和函数是 $\frac{1}{1-z}$,也就是说在区域 $|z| < 1$ 内 $1 + z + z^2 + \cdots + z^n + \cdots$ 收敛于 $\frac{1}{1-z}$.

下面主要研究经常用到的复变函数项级数的简单情形——幂级数.

4.2 幂级数

在复函数项级数的定义中,若取 $f_n(z) = c_n(z - z_0)^n$,就得到函数项级数的特殊形式

$$\sum_{n=0}^{\infty} c_n(z - z_0)^n = c_0 + c_1(z - z_0) + c_2(z - z_0)^2 + \cdots + c_n(z - z_0)^n + \cdots. \tag{4-4}$$

当 $z_0 = 0$ 时,式(4-4)变为级数

$$\sum_{n=0}^{\infty} c_n z^n = c_0 + c_1 z + c_2 z^2 + \cdots + c_n z^n + \cdots. \tag{4-5}$$

形如式(4-4)或式(4-5)的级数称为**幂级数**,其中复常数 c_0, c_1, c_2, $\cdots$, c_n, $\cdots$ 叫作幂级数的**系数**. 式(4-4)称为幂级数的**一般形式**,式(4-5)称为幂级数的**标准形式**.

由于在式(4-4)中,令 $\xi=z-z_0$,它就变成了式(4-5)的形式,因此,今后主要讨论形如式(4-5)的幂级数,相关结论可以平行推广到幂级数的一般形式.

式(4-5)的部分和 $s_n(z)$ 是一个关于 z 的 n 次多项式,若该级数在某个区域 D 上收敛,且它的和函数为 $s(z)$,则 $\lim\limits_{n\to\infty}s_n(z)=s(z),\ z\in D$,从而可以用 n 次多项式 $s_n(z)$ 来逼近 $s(z)$. 而多项式函数逼近一般函数是理论研究和数值计算中常用方法. 因此,如何判断幂级数的收敛性,求出它的收敛域是研究的首要问题.

4.2.1　幂级数的收敛性

关于幂级数收敛问题,先介绍下面的定理.

定理 4.2.1(Abel 定理)　对于幂级数 $\sum\limits_{n=0}^{\infty}c_nz^n$,下列命题成立:

(1) 如果它在点 $z=z_0(z_0\neq 0)$ 处收敛,那么当 $|z|<|z_0|$ 时,该级数绝对收敛;

(2) 如果它在点 $z=z_0$ 处发散,那么当 $|z|>|z_0|$ 时,该级数发散.

证明　(1) 因为级数 $\sum\limits_{n=0}^{\infty}c_nz_0^n$ 收敛,故其通项趋于零,即 $\lim\limits_{n\to\infty}c_nz_0^n=0$. 从而可知复数列 $\{c_nz_0^n\}$ 有界,即存在常数 $M>0$,使得对所有的 n,恒有 $|c_nz_0^n|\leqslant M$.

当 $|z|<|z_0|$ 时,

$$|c_nz^n|=|c_nz_0^n|\left|\frac{z}{z_0}\right|^n\leqslant M\left|\frac{z}{z_0}\right|^n.$$

又因为 $\left|\dfrac{z}{z_0}\right|<1$,故等比级数 $\sum\limits_{n=0}^{\infty}M\left|\dfrac{z}{z_0}\right|^n$ 收敛. 根据正项级数判别法,当 $|z|<|z_0|$ 时,该级数绝对收敛.

(2) 用反证法. 假定存在 $z_1(|z_1|>|z_0|)$,使 $\sum\limits_{n=0}^{\infty}c_nz_1^n$ 收敛,由定理 4.2.1(1) 知级数 $\sum\limits_{n=0}^{\infty}c_nz^n$ 在 z_0 处绝对收敛. 这与题设矛盾,从而有 $\sum\limits_{n=0}^{\infty}c_nz^n$ 发散.

对于幂级数 $\sum\limits_{n=0}^{\infty}c_nz^n$, $z=0$ 这一点总是收敛的. $z\neq 0$ 时,由 Abel 定理知,必定是下面三种情况中之一:任意的 $z\neq 0$,级数均发散;任意的 z,级数均收敛;存在点 $z_1\neq 0$,级数收敛,同时存在点 z_2 使级数发散,即存在唯一的正数 R,使级数在圆 $|z|=R$ 内绝对收敛,在圆 $|z|=R$ 外发散. 称 R 为幂级数的**收敛半径**, $|z|<R$ 为其**收敛圆**.

幂级数仅在 $z=0$ 处收敛,约定收敛半径 $R=0$;在所有点处收敛,约定收敛半径 $R=+\infty$.

至于在收敛圆的圆周 $|z|=R$ 上,幂级数的敛散性可由具体情况判定.

幂级数收敛半径的求法,类似于实函数的幂级数,可用比值法和根值法.

4.2.2 幂级数的收敛半径

定理 4.2.2(比值法) 设幂级数$\sum_{n=0}^{\infty} c_n z^n (c_n \neq 0)$,如果$\lim_{n\to\infty}\left|\frac{c_{n+1}}{c_n}\right| = \lambda \neq 0$,则收敛半径为

$$R = \begin{cases} \frac{1}{\lambda}, & 0 < \lambda < +\infty, \\ 0, & \lambda = +\infty, \\ +\infty, & \lambda = 0. \end{cases}$$

证明 考察级数$\sum_{n=0}^{\infty} |c_n z^n|$,由正项级数的比值法,得

$$\lim_{n\to\infty}\left|\frac{c_{n+1}z^{n+1}}{c_n z^n}\right| = \lim_{n\to\infty}\left|\frac{c_{n+1}}{c_n}\right| |z| = \lambda |z|. \tag{4-6}$$

(1) 若 $0 < \lambda < +\infty$,当 $\lambda |z| < 1$,即 $|z| < \frac{1}{\lambda}$ 时,级数$\sum_{n=0}^{\infty} |c_n z^n|$收敛,从而幂级数$\sum_{n=0}^{\infty} c_n z^n$ 绝对收敛;当 $\lambda |z| > 1$,即 $|z| > \frac{1}{\lambda}$ 时,级数$\sum_{n=0}^{\infty} |c_n z^n|$发散并且从某一个 n 开始,$|c_{n+1}z^{n+1}| > |c_n z^n|$,因此一般项 $|c_n z^n|$ 不趋于零,所以 $c_n z^n$ 也不趋于零,从而级数$\sum_{n=0}^{\infty} c_n z^n$ 发散,因此 $R = \frac{1}{\lambda}$.

(2) 若 $\lambda = +\infty$,除了 $z = 0$,式(4-6)右端等于 $+\infty$,因此幂级数$\sum_{n=0}^{\infty} c_n z^n$ 必发散,于是 $R = 0$.

(3) 若 $\lambda = 0$,对于任意的 $|z|$,式(4-6)右端都等于零,级数$\sum_{n=0}^{\infty} |c_n z^n|$收敛,从而幂级数$\sum_{n=0}^{\infty} c_n z^n$ 绝对收敛. 于是 $R = +\infty$.

例 1 求幂级数$\sum_{n=0}^{\infty} z^n$ 的收敛范围及和函数.

解 由于 $\lambda = \lim_{n\to\infty}\left|\frac{c_{n+1}}{c_n}\right| = 1$,所以收敛半径 $R = 1$.

对于边界 $|z| = 1$ 上的点,令 $z = \cos\theta + \mathrm{i}\sin\theta$,则 $z^n = \cos n\theta + \mathrm{i}\sin n\theta$. 当 $n \to \infty$ 时,z^n 的极限不存在,故幂级数在收敛圆周 $|z| = 1$ 上发散.

因此幂级数 $\sum_{n=0}^{\infty} z^n$ 的收敛范围是 $|z|<1$.

当 $|z|<1$ 时,

$$s_n = 1+z+z^2+\cdots+z^{n-1} = \frac{1-z^n}{1-z},$$

$$\lim_{n\to\infty} s_n = \frac{1}{1-z}.$$

因此幂级数的和函数 $s=\frac{1}{1-z}\quad(|z|<1)$.

定理 4.2.3(根值法)　设幂级数 $\sum_{n=0}^{\infty} c_n z^n (c_n\neq 0)$, 如果 $\lim_{n\to\infty}\sqrt[n]{|c_n|}=\mu\neq 0$, 则收敛半径为

$$R=\begin{cases}\frac{1}{\mu}, & 0<\mu<+\infty,\\ 0, & \mu=+\infty,\\ +\infty, & \mu=0.\end{cases}$$

定理 4.2.3 的证明与定理 4.2.2 的证明类似,留给读者思考.

例 2　试求下列幂级数的收敛半径 R:

(1) $\sum_{n=1}^{\infty}\frac{z^n}{n^3}$;　　(2) $\sum_{n=1}^{\infty}\frac{z^n}{n!}$;

(3) $\sum_{n=0}^{\infty}(3+4\mathrm{i})^n z^n$;　　(4) $\sum_{n=1}^{\infty}\frac{(z-1)^n}{n}$;

(5) $\sum_{n=1}^{\infty}\frac{(2n)!}{(n!)^2}z^{2n}$.

解　(1) 因为

$$\lambda=\lim_{n\to\infty}\left|\frac{c_{n+1}}{c_n}\right|=\lim_{n\to\infty}\frac{n^3}{(n+1)^3}=1,$$

所以收敛半径 $R=1$.

(2) 因为

$$\lambda=\lim_{n\to\infty}\left|\frac{c_{n+1}}{c_n}\right|=\lim_{n\to\infty}\frac{n!}{(n+1)!}=\lim_{n\to\infty}\frac{1}{(n+1)}=0,$$

所以收敛半径 $R=+\infty$.

(3) 因为

$$\lambda = \lim_{n\to\infty}\sqrt[n]{|c_n|} = \lim_{n\to\infty}\sqrt[n]{|(3+4\mathrm{i})^n|} = 5,$$

所以收敛半径 $R = \dfrac{1}{5}$.

(4) 令 $\xi = z - 1$,则级数就变为 $\sum\limits_{n=1}^{\infty}\dfrac{\xi^n}{n}$.

因为

$$\lambda = \lim_{n\to\infty}\left|\frac{c_{n+1}}{c_n}\right| = \lim_{n\to\infty}\frac{n}{(n+1)} = 1,$$

所以收敛半径 $R = 1$.

(5) 由于该级数的奇次方项的系数全部为 0,是缺项级数.对于这种级数,定理 4.2.2 和定理 4.2.3 不能直接应用,它的收敛半径可以直接利用比值法或根值法来求.

因为

$$\lim_{n\to\infty}\left|\frac{\dfrac{[2(n+1)]!}{[(n+1)!]^2}z^{2(n+1)}}{\dfrac{(2n)!}{(n!)^2}z^{2n}}\right| = \lim_{n\to\infty}\frac{(2n+1)(2n+2)}{(n+1)^2}|z|^2$$

$$= 4|z|^2,$$

故当 $4|z|^2 < 1$,即 $|z| < \dfrac{1}{2}$ 时级数收敛;当 $|z| > \dfrac{1}{2}$ 时级数发散.所以收敛半径 $R = \dfrac{1}{2}$.

4.2.3 幂级数的运算性质

和实函数的幂级数类似,复变函数的幂级数也可以进行加、减、乘等运算.

设有幂级数 $\sum\limits_{n=0}^{\infty} a_n z^n$ 与 $\sum\limits_{n=0}^{\infty} b_n z^n$,其收敛半径分别为 R_1, R_2. 令 $R = \min\{R_1, R_2\}$,则

(1) $\sum\limits_{n=0}^{\infty} a_n z^n + \sum\limits_{n=0}^{\infty} b_n z^n = \sum\limits_{n=0}^{\infty}(a_n + b_n)z^n$, $|z| < R$;

(2) $\sum\limits_{n=0}^{\infty} a_n z^n - \sum\limits_{n=0}^{\infty} b_n z^n = \sum\limits_{n=0}^{\infty}(a_n - b_n)z^n$, $|z| < R$;

(3) $\left(\sum_{n=0}^{\infty} a_n z^n\right)\left(\sum_{n=0}^{\infty} b_n z^n\right)=\sum_{n=0}^{\infty} c_n z^n$, $|z|<R$,

其中

$$c_n = a_0 b_n + a_1 b_{n-1} + \cdots + a_{n-1} b_1 + a_n b_0.$$

类似于实幂级数和函数的性质,复幂级数有如下分析运算性质.

设幂级数 $\sum_{n=0}^{\infty} c_n z^n$ 的收敛半径为 R,在其收敛圆内:

(1) 它的和函数 $s(z)$,即 $s(z)=\sum_{n=0}^{\infty} c_n z^n$,在收敛圆 $|z|<R$ 内解析;

(2) $s(z)$ 在收敛圆内可导,且可逐项求导,即 $s'(z)=\sum_{n=1}^{\infty} n c_n z^{n-1}$;

(3) $s(z)$ 在收敛圆内可积,且可逐项积分,即

$\int_C s(z)\mathrm{d}z=\sum_{n=0}^{\infty} c_n \int_C z^n \mathrm{d}z=\sum_{n=0}^{\infty} \frac{c_n}{n+1} z^{n+1}$, C 为 $|z|<R$ 内的简单曲线.

例 3 求 $\sum_{n=1}^{\infty} n z^{n-1}$ 的和函数.

解

$$\lim_{n\to\infty}\left|\frac{c_{n+1}}{c_n}\right|=\lim_{n\to\infty}\left|\frac{n+1}{n}\right|=1,$$

所以收敛半径 $R=1$.

显然,在收敛圆周 $|z|=1$ 上,幂级数发散,故收敛圆域 $|z|<1$.

设和函数 $s(z)=\sum_{n=1}^{\infty} n z^{n-1}$, $|z|<1$,

两边积分有

$$\int_0^z s(z)\mathrm{d}z=\sum_{n=1}^{\infty}\int_0^z n z^{n-1}\mathrm{d}z=\sum_{n=1}^{\infty} z^n=\frac{z}{1-z},$$

两边求导,得

$$s(z)=\frac{1}{(1-z)^2} \quad (|z|<1).$$

4.3 泰 勒 级 数

在 4.2 节讨论了幂级数的收敛域及其和函数的性质,知道幂级数的和函数在它

的收敛圆域内是一个解析函数.但在许多应用中,我们会遇到相反的问题:在一个圆域内解析的函数是否在该圆域内可以展成幂级数?

在高等数学中,函数 $f(x)$ 在一定条件下,可以在点 x_0 展开成泰勒级数

$$f(x)=\sum_{n=0}^{\infty}\frac{f^{(n)}(x_0)}{n!}(x-x_0)^n,$$

在复变函数中有类似的结论.

4.3.1 泰勒定理

定理 4.3.1 设 $f(z)$ 在区域 D 内解析,$z_0\in D$,只要圆 C:$|z-z_0|<R$ 含于 D,则 $f(z)$ 在 C 内可以唯一地展开为泰勒级数

$$f(z)=\sum_{n=0}^{\infty}c_n(z-z_0)^n, \tag{4-7}$$

其中系数

$$c_n=\frac{f^{(n)}(z_0)}{n!}\quad(n=0,1,2,\cdots).$$

特别地,当 $z_0=0$ 时,级数 $\sum\frac{f^{(n)}(0)}{n!}>n$ 称为**麦克劳林级数**.

证明 设 z 为圆 C:$|z-z_0|<R$ 内任意取定的点,则总存在一个圆周 C_r:$|z-z_0|=r$ $(0<r<R)$,使得点 z 含在圆周 C_r 的内部(图 4-1).

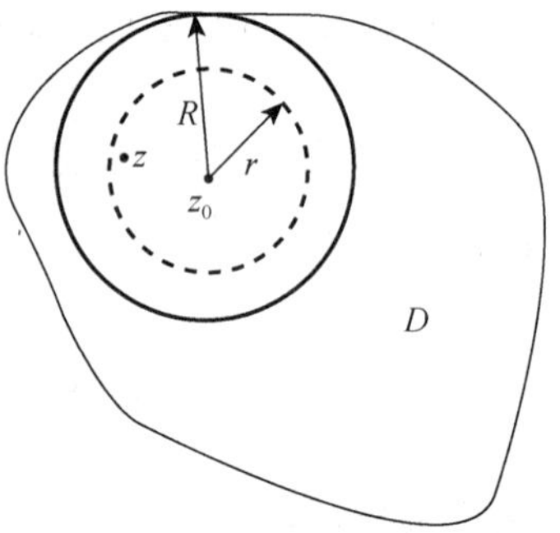

图 4-1

由柯西积分公式有

$$f(z)=\frac{1}{2\pi i}\oint_{C_r}\frac{f(\xi)}{\xi-z}d\xi .$$

下面将被积函数 $\frac{f(\xi)}{\xi-z}$ 表示为含有 $(z-z_0)$ 的正次幂的级数.

由

$$\frac{f(\xi)}{\xi-z}=\frac{f(\xi)}{\xi-z_0-(z-z_0)}=\frac{f(\xi)}{\xi-z_0}\cdot\frac{1}{1-\frac{z-z_0}{\xi-z_0}},$$

当 $\xi\in C_r$ 时,$\left|\frac{z-z_0}{\xi-z_0}\right|=\frac{|z-z_0|}{r}<1$.

应用公式$\frac{1}{1-z}=\sum_{n=0}^{\infty}z^n \quad (|z|<1)$，

有

$$\frac{1}{1-\frac{z-z_0}{\xi-z_0}}=\sum_{n=0}^{\infty}\left(\frac{z-z_0}{\xi-z_0}\right)^n,$$

代入得

$$\frac{f(\xi)}{\xi-z}=\frac{f(\xi)}{\xi-z_0}\cdot\sum_{n=0}^{\infty}\left(\frac{z-z_0}{\xi-z_0}\right)^n.$$

所以

$$\begin{aligned}f(z)&=\frac{1}{2\pi\mathrm{i}}\oint_{C_r}\frac{f(\xi)}{\xi-z}\mathrm{d}\xi\\&=\sum_{n=0}^{\infty}(z-z_0)^n\cdot\frac{1}{2\pi\mathrm{i}}\oint_{C_r}\frac{f(\xi)}{(\xi-z_0)^{n+1}}\mathrm{d}\xi,\end{aligned}$$

由解析函数的高阶导数公式知

$$\frac{1}{2\pi\mathrm{i}}\oint_{C_r}\frac{f(\xi)}{(\xi-z_0)^{n+1}}\mathrm{d}\xi=\frac{f^{(n)}(z_0)}{n!},$$

于是 $f(z)=\sum_{n=0}^{\infty}c_n(z-z_0)^n$，其中系数 $c_n=\frac{f^{(n)}(z_0)}{n!} \quad (n=0,1,2,\cdots)$.

下面证明展式的唯一性.

假设另有展式 $f(z)=\sum_{n=0}^{\infty}c'_n(z-z_0)^n \quad (z\in C: |z-z_0|<R)$.

两边逐项求导，并令 $z=z_0$，得 $c'_n=\frac{f^{(n)}(z_0)}{n!}=c_n \quad (n=0,1,2,\cdots)$，故展式唯一.

4.3.2 解析函数的幂级数展开法

1. 直接展开法

所谓直接展开法就是直接计算泰勒系数 $c_n=\frac{f^{(n)}(z_0)}{n!}$，然后由式(4-7)将函数 $f(z)$ 在 z_0 点展成幂级数.

例1 将函数 $f(z)=\mathrm{e}^z$ 展成关于 z 的幂级数.

解 因为$(e^z)' = e^z$，$(e^z)^{(n)}\Big|_{z=0} = 1(n = 0, 1, 2, \cdots)$，

所以

$$c_n = \frac{f^{(n)}(z_0)}{n!} = \frac{f^{(n)}(0)}{n!} = \frac{1}{n!}.$$

于是

$$e^z = 1 + z + \frac{z^2}{2!} + \cdots + \frac{z^n}{n!} + \cdots .$$

因为e^z在复平面内处处解析，所以等式在复平面内处处成立，且右端幂级数的收敛半径为$+\infty$.

类似地，直接计算泰勒系数得到下列常见函数的幂级数展开式：

$$\sin z = z - \frac{z^3}{3!} + \frac{z^5}{5!} - \cdots + (-1)^n \frac{z^{2n+1}}{(2n+1)!} + \cdots \quad (|z| < +\infty),$$

$$\cos z = 1 - \frac{z^2}{2!} + \frac{z^4}{4!} - \cdots + (-1)^n \frac{z^{2n}}{(2n)!} + \cdots \quad (|z| < +\infty),$$

$$\frac{1}{1+z} = 1 - z + z^2 - z^3 + \cdots + (-1)^n z^n + \cdots \quad (|z| < 1),$$

$$\ln(1+z) = z - \frac{z^2}{2} + \frac{z^3}{3} - \cdots + (-1)^n \frac{z^{n+1}}{n+1} + \cdots \quad (|z| < 1).$$

2. 间接展开法

除直接展开法外，也可以借助一些已知函数的展开式，利用幂级数的代数运算、代换、逐项求导或逐项积分等，得出函数的幂级数展式，称为间接展开法.

例 2 将函数$f(z) = \sin^2 z$展成关于z的幂级数.

解 因为

$$\sin^2 z = \frac{1 - \cos 2z}{2},$$

而

$$\cos 2z = 1 - \frac{(2z)^2}{2!} + \frac{(2z)^4}{4!} - \cdots + (-1)^n \frac{(2z)^{2n}}{(2n)!} + \cdots,$$

通过代换运算，得

$$\sin^2 z=\frac{1-\cos 2z}{2}=\sum_{n=1}^{\infty}(-1)^{n+1}\frac{2^{2n-1}}{(2n)!}z^{2n}\quad(|z|<+\infty).$$

例 3　将函数 $f(z)=\dfrac{1}{z+\mathrm{i}}$ 展开成关于 z 的幂级数.

解　因为

$$\frac{1}{z+\mathrm{i}}=\frac{1}{\mathrm{i}\left(1+\dfrac{z}{\mathrm{i}}\right)},$$

而

$$\frac{1}{\left(1+\dfrac{z}{\mathrm{i}}\right)}=\sum_{n=0}^{\infty}(-1)^n\left(\frac{z}{\mathrm{i}}\right)^n\quad\left(\left|\frac{z}{\mathrm{i}}\right|<1\right),$$

通过代换运算,得

$$\frac{1}{z+\mathrm{i}}=\sum_{n=0}^{\infty}(-1)^n\frac{z^n}{(\mathrm{i})^{n+1}}\quad(|z|<1).$$

例 4　将函数 $f(z)=\dfrac{1}{1+z^2}$ 展开成关于 z 的幂级数.

解　因为函数 $f(z)$ 在 $z=0$ 处解析,$z=\pm\mathrm{i}$ 是 $f(z)$ 的奇点,所以 $f(z)$ 在 $|z|<1$ 内可以展成关于 z 的幂级数.

通过代换运算,得

$$\frac{1}{1+z^2}=1-z^2+z^4-z^6+\cdots+(-1)^n z^{2n}+\cdots\quad(|z|<1).$$

例 5　将函数 $f(z)=\dfrac{1}{3-2z}$ 展开成关于 $z+1$ 的幂级数,并求其收敛半径.

解

$$f(z)=\frac{1}{3-2z}=\frac{1}{5-2(z+1)}=\frac{1}{5}\cdot\frac{1}{1-\dfrac{2}{5}(z+1)}$$

$$=\frac{1}{5}\sum_{n=0}^{\infty}\left[\frac{2}{5}(z+1)\right]^n=\sum_{n=0}^{\infty}\frac{2^n}{5^{n+1}}(z+1)^n,$$

由于 $\left|\dfrac{2}{5}(z+1)\right|<1$,即 $|(z+1)|<\dfrac{5}{2}$,所以收敛半径 $R=\dfrac{5}{2}$.

4.4 洛朗级数

在 4.3 节,我们已经知道:函数 $f(z)$ 在以 z_0 为中心的圆域内解析时,可以展成关于 $z-z_0$ 的幂级数.但是有些函数在 z_0 点不解析,但在以 z_0 为中心的圆环内解析,此时函数是否能表示为 $z-z_0$ 幂级数,如果可以,是什么形式的级数呢?本节将讨论以 z_0 为中心的圆环内解析函数的级数表示 —— 洛朗级数.

4.4.1 洛朗级数的概念

定义 4.4.1 形如

$$\sum_{n=-\infty}^{\infty} c_n(z-z_0)^n = \cdots + c_{-n}(z-z_0)^{-n} + \cdots + c_{-1}(z-z_0)^{-1} + c_0 + c_1(z-z_0) + \cdots + c_n(z-z_0)^n + \cdots \tag{4-8}$$

的级数称为**洛朗级数**,其中 z_0, c_n $(n=0, \pm 1, \pm 2, \cdots)$ 都是复常数.

级数式(4-8)由负幂项部分

$$\begin{aligned}\sum_{n=-\infty}^{-1} c_n(z-z_0)^n &= \sum_{n=1}^{\infty} c_{-n}(z-z_0)^{-n} \\ &= \frac{c_{-1}}{z-z_0} + \frac{c_{-2}}{(z-z_0)^2} + \cdots + \frac{c_{-n}}{(z-z_0)^n} + \cdots\end{aligned} \tag{4-9}$$

与正幂项(包括常数项)部分

$$\sum_{n=0}^{\infty} c_n(z-z_0)^n = c_0 + c_1(z-z_0) + \cdots + c_n(z-z_0)^n + \cdots \tag{4-10}$$

组成,负幂项部分称为洛朗级数的**主要部分**,正幂项部分称为洛朗级数的**解析部分**.

4.4.2 洛朗级数敛散性判定及其性质

1. 负幂项部分

令 $\xi=(z-z_0)^{-1}$,则 $\sum\limits_{n=1}^{\infty} c_{-n}(z-z_0)^{-n} = \sum\limits_{n=1}^{\infty} c_{-n}\xi^n$. 设它的收敛半径为 R,那么当 $|\xi|<R$ 时,式(4-9)收敛;当 $|\xi|>R$ 时,式(4-9)发散. 令 $\dfrac{1}{R}=R_1$,则当 $|z-z_0|>R_1$

时，式(4-9)收敛；当 $|z-z_0|<R_1$ 时，式(4-9)发散.

2. 正幂项部分(含常数项)

$\sum_{n=0}^{\infty} c_n(z-z_0)^n$ 是一个幂级数，它的收敛范围是一个圆域，设它的收敛半径为 R_2，那么当 $|z-z_0|<R_2$ 时，式(4-10)收敛；当 $|z-z_0|>R_2$ 时，式(4-10)发散.

3. 洛朗级数的敛散性

对于级数 $\sum_{n=-\infty}^{\infty} c_n(z-z_0)^n$，当负幂项部分和正幂项部分同时收敛时，式(4-8)收敛；否则发散. 显然，当 $R_1<R_2$ 时，$R_1<|z-z_0|<R_2$ 为正幂项部分和负幂项部分的公共收敛区域，此时圆环域 $R_1<|z-z_0|<R_2$ 为式(4-8)的收敛域；当 $R_1>R_2$ 时，没有公共收敛区域，级数发散.

同幂级数在收敛圆域内具有的性质类似，洛朗级数在收敛圆环域内的和函数也是解析的，而且级数可以逐项求导和逐项求积分.

例 1　将 $f(z)=\dfrac{2}{z(2-z)}$ 在圆环域 $0<|z|<2$ 内展成洛朗级数.

解　由于

$$f(z)=\frac{2}{z(2-z)}=\frac{1}{z}+\frac{1}{2-z},$$

在圆环域 $0<|z|<2$ 内，$0<\left|\dfrac{z}{2}\right|<1$，

$$\frac{1}{2-z}=\frac{1}{2\left(1-\dfrac{z}{2}\right)}=\frac{1}{2}\sum_{n=0}^{\infty}\left(\frac{z}{2}\right)^n,$$

所以在 $0<|z|<2$ 内，

$$f(z)=\frac{1}{z}+\frac{1}{2}\sum_{n=0}^{\infty}\left(\frac{z}{2}\right)^n=\frac{1}{z}+\frac{1}{2}+\frac{z}{2^2}+\cdots+\frac{z^n}{2^{n+1}}+\cdots.$$

那么，在任意的圆环域 $R_1<|z-z_0|<R_2$ 内解析的函数 $f(z)$，如何展开成洛朗级数呢?

4.4.3　洛朗展开定理

对于一般情形，有如下定理.

定理 4.4.1　设 $f(z)$ 在圆环域 $D: R_1<|z-z_0|<R_2$ 内处处解析，则 $f(z)$ 可

以唯一地展开为洛朗级数

$$f(z)=\sum_{n=-\infty}^{\infty}c_n(z-z_0)^n,$$

其中

$$c_n=\frac{1}{2\pi i}\oint_C\frac{f(\zeta)}{(\zeta-z_0)^{n+1}}d\zeta\quad(n=0,\pm1,\pm2,\cdots)$$

为洛朗系数，C 是圆环域 D 内围绕 z_0 的任意一条正向简单闭曲线.

证明略.

注意 (1) 由于 $f(z)$ 在 z_0 不解析，所以洛朗级数中的系数 c_n 不能由高阶导数公式计算求得. 如果 z_0 是 $f(z)$ 的奇点，那么 $f^{(n)}(z_0)$ 根本不存在，即使 z_0 不是 $f(z)$ 的奇点且有 $f^{(n)}(z_0)$ 存在，但在圆域 $|z-z_0|<R$ 内可能还有其他奇点存在，从而简单闭曲线 C 内包含奇点.

(2) 如果 $f(z)$ 在 $|z-z_0|<R$ 内处处解析，那么 $(z-z_0)^{n-1}f(z)\quad(n=1,2,\cdots)$ 在 C 内处处解析，由柯西积分定理知

$$c_{-n}=\frac{1}{2\pi i}\oint_C\frac{f(\xi)}{(\xi-z_0)^{-n+1}}d\xi=0\quad(n=1,2,\cdots).$$

此时洛朗级数成为泰勒级数. 因此，泰勒级数是洛朗级数的特殊情形.

(3) 在实际应用中，一般不用公式直接求洛朗级数，而是通过代数运算、代换、求导、积分等间接方法把函数展开为洛朗级数.

例 2 设函数 $f(z)=\dfrac{1}{(z-1)(z-2)}$ 在圆环域：

(1) $0<|z|<1$、 (2) $1<|z|<2$、 (3) $2<|z|<+\infty$

内处处解析，试将 $f(z)$ 在这些区域内分别展开成洛朗级数.

解 $f(z)=\dfrac{1}{(z-1)(z-2)}=\dfrac{1}{(z-2)}-\dfrac{1}{(z-1)}$,

(1) 当 $0<|z|<1$ 时，

$$\frac{1}{z-2}=\frac{1}{-2\left(1-\frac{z}{2}\right)}=\frac{-1}{2}\sum_{n=0}^{\infty}\left(\frac{z}{2}\right)^n,$$

$$\frac{1}{z-1}=\frac{1}{-(1-z)}=-\sum_{n=0}^{\infty}z^n.$$

故

$$f(z)=\sum_{n=0}^{\infty}\left(1-\frac{1}{2^{n+1}}\right)z^n$$

$$=\left[\frac{1}{2}+\left(1-\frac{1}{2^2}\right)z+\left(1-\frac{1}{2^3}\right)z^2+\cdots+\left(1-\frac{1}{2^{n+1}}\right)z^n+\cdots\right].$$

(2) 当 $1<|z|<2$ 时，有 $\left|\frac{z}{2}\right|<1,\ \left|\frac{1}{z}\right|<1$.

$$\frac{1}{z-2}=\frac{1}{-2\left(1-\frac{z}{2}\right)}=\frac{-1}{2}\sum_{n=0}^{\infty}\left(\frac{z}{2}\right)^n,$$

$$\frac{1}{z-1}=\frac{1}{z\left(1-\frac{1}{z}\right)}=\frac{1}{z}\sum_{n=0}^{\infty}\left(\frac{1}{z}\right)^n=\sum_{n=-\infty}^{-1}z^n.$$

故

$$f(z)=-\sum_{n=0}^{\infty}\frac{z^n}{2^{n+1}}-\sum_{n=-\infty}^{-1}z^n.$$

(3) 当 $2<|z|<+\infty$ 时，$\left|\frac{2}{z}\right|<1,\ \left|\frac{1}{z}\right|<\frac{1}{2}$，则

$$\frac{1}{z-2}=\frac{1}{z\left(1-\frac{2}{z}\right)}=\frac{1}{z}\sum_{n=0}^{\infty}\left(\frac{2}{z}\right)^n=\sum_{n=-\infty}^{-1}\frac{z^n}{2^{n+1}},$$

$$\frac{1}{z-1}=\frac{1}{z\left(1-\frac{1}{z}\right)}=\frac{1}{z}\sum_{n=0}^{\infty}\left(\frac{1}{z}\right)^n$$

$$=\sum_{n=-\infty}^{-1}z^n,$$

故

$$f(z)=\sum_{n=-\infty}^{-1}\left(\frac{1}{2^{n+1}}-1\right)z^n.$$

注意　函数 $f(z)$ 在 z 平面上有两个奇点 $z=1$ 和 $z=2$，因此平面 z 被分成三个不相交的解析区域，函数 $f(z)$ 在各个圆环域内分别有各自不同的洛朗级数展开式，但这与洛朗级数展开式的唯一性并不矛盾. 因为洛朗级数展开式的唯一性是针对确定的某一圆环域，$f(z)$ 在该域内的洛朗级数展开式是唯一的.

解析函数在其孤立奇点邻域内的洛朗展开式又该如何求呢？

例 3 函数 $f(z)=\dfrac{1}{(z-1)(z-2)}$ 在圆环域：(1) $0<|z-1|<1$，(2) $0<|z-2|<1$ 内是处处解析的，试将 $f(z)$ 在这些区域内分别展开成洛朗级数.

解 (1) 在 $0<|z-1|<1$ 内，

$$f(z)=\frac{1}{(z-1)(z-2)}=\frac{1}{(z-2)}-\frac{1}{(z-1)}$$

$$=-\frac{1}{(z-1)}+\frac{1}{(z-1)-1}=-\frac{1}{(z-1)}-\sum_{n=0}^{\infty}(z-1)^n.$$

(2) 在 $0<|z-2|<1$ 内，

$$f(z)=\frac{1}{(z-2)}-\frac{1}{(z-2)+1}$$

$$=\frac{1}{z-2}-\sum_{n=0}^{\infty}(-1)^n(z-2)^n.$$

例 4 将函数 $f(z)=\dfrac{1}{z^2(z-\mathrm{i})}$ 在圆环域：(1) $0<|z-\mathrm{i}|<1$、(2) $1<|z-\mathrm{i}|<+\infty$ 内展成洛朗级数.

解 (1) 在 $0<|z-\mathrm{i}|<1$ 内，

因为

$$\frac{1}{z}=\frac{1}{\mathrm{i}+z-\mathrm{i}}=\frac{1}{\mathrm{i}\left(1+\dfrac{z-\mathrm{i}}{\mathrm{i}}\right)}=\frac{1}{\mathrm{i}}\sum_{n=0}^{\infty}(-1)^n\left(\frac{z-\mathrm{i}}{\mathrm{i}}\right)^n$$

$$=\frac{1}{\mathrm{i}}\sum_{n=0}^{\infty}(\mathrm{i})^n(z-\mathrm{i})^n,$$

所以

$$\frac{1}{z^2}=-\left(\frac{1}{z}\right)'=\frac{-1}{\mathrm{i}}\sum_{n=1}^{\infty}n(\mathrm{i})^n(z-\mathrm{i})^{n-1}=\sum_{n=1}^{\infty}n(\mathrm{i})^{n+1}(z-\mathrm{i})^{n-1}.$$

于是

$$f(z)=\frac{1}{(z-\mathrm{i})}\cdot\frac{1}{z^2}=\sum_{n=1}^{\infty}n(\mathrm{i})^{n+1}(z-\mathrm{i})^{n-2}$$

$$=\sum_{n=-1}^{\infty}(n+2)(\mathrm{i})^{n+3}(z-\mathrm{i})^n.$$

(2) 在 $1<|z-\mathrm{i}|<+\infty$ 内，
因为

$$\frac{1}{z}=\frac{1}{z-\mathrm{i}+\mathrm{i}}=\frac{1}{z-\mathrm{i}}\cdot\frac{1}{1+\left(\frac{\mathrm{i}}{z-\mathrm{i}}\right)}$$

$$=\frac{1}{z-\mathrm{i}}\sum_{n=0}^{\infty}(-1)^n\left(\frac{\mathrm{i}}{z-\mathrm{i}}\right)^n=\sum_{n=0}^{\infty}(\mathrm{i})^{3n}(z-\mathrm{i})^{-n-1},$$

所以

$$\frac{1}{z^2}=\sum_{n=0}^{\infty}(n+1)(\mathrm{i})^{3n}(z-\mathrm{i})^{-n-2}.$$

于是

$$f(z)=\frac{1}{(z-\mathrm{i})}\cdot\frac{1}{z^2}=\sum_{n=0}^{\infty}(n+1)(\mathrm{i})^{3n}(z-\mathrm{i})^{-n-3}.$$

本章小结

本章主要介绍了复数项级数的定义及其敛散性的判别方法，幂级数收敛半径的求法和利用和函数的性质在收敛圆域内求其和函数，分别利用泰勒定理和洛朗定理将圆域内和圆环域内的解析函数表示为泰勒级数和洛朗级数.

本章的重点是幂级数收敛半径的计算以及在圆环域内将解析函数展成洛朗级数.

需要注意的几个方面：

(1) 在概念上要区别级数的和与部分和.

(2) 计算幂级数的和函数时，首先要确定它的收敛域，然后再利用和函数的性质求其和函数.

(3) 解析函数在不同的圆环域内有不同的洛朗展开式，不能把这种情况与洛朗展开式的唯一性相混淆.所谓洛朗展开式的唯一性，是指函数在某一给定的圆环域内的洛朗展开式是唯一的.

习　题　4

1. 判断下面的说法是否正确.

(1) 每一个幂级数在它的收敛圆周上处处收敛.　　(　　)

(2) 每一个幂级数的和函数在收敛圆周内可能有奇点. ( )

(3) 每一个在 z 点连续的函数一定可以在 z 的邻域内展开成泰勒级数. ( )

2. 判断下列级数是否收敛,若收敛,是绝对收敛还是条件收敛?

(1) $\sum_{n=1}^{\infty}\frac{1}{(2+3\mathrm{i})^n}$;　(2) $\sum_{n=1}^{\infty}\frac{\mathrm{i}^n}{n}$;

(3) $\sum_{n=1}^{\infty}\frac{(3+5\mathrm{i})^n}{n!}$;　(4) $\sum_{n=1}^{\infty}\left(\frac{1+5\mathrm{i}}{2}\right)^n$.

3. 试确定下列幂级数的收敛半径:

(1) $\sum_{n=1}^{\infty}\frac{z^n}{n}$;　(2) $\sum_{n=1}^{\infty}\frac{n}{2^n}z^n$;

(3) $\sum_{n=1}^{\infty}\frac{n^n}{n!}z^n$;　(4) $\sum_{n=1}^{\infty}\frac{(z-5)^n}{\sqrt{n}}$.

4. 把下列函数展成关于 z 的幂级数,并指出收敛区间:

(1) $\frac{1}{2-z}$;　(2) $\frac{2}{(4+\mathrm{i})z+5}$;

(3) $\sin^2 z$;　(4) $\cos z^2$;

(5) $\frac{1}{(1-z)^2}$.

5. 求下列函数在指定点 z_0 处的泰勒展式,并指出收敛半径:

(1) $\frac{z-1}{z+1}$, $z_0=1$;　(2) $\ln(3+z)$, $z_0=0$;

(3) $\frac{z}{z^2-z-2}$, $z_0=1$;　(4) $\arctan z$, $z_0=0$.

6. 把下列各函数在指定的圆环域内展成洛朗级数:

(1) $\frac{1}{z-2}$, $1<|z-1|<+\infty$;　(2) $\frac{1}{z(1-z)^2}$, $0<|z|<1$.

7. 将函数 $f(z)=\frac{1}{z(1-z)}$ 在下列相应的圆环域内展成洛朗级数:

(1) $0<|z|<1$;　(2) $1<|z-1|<+\infty$;

(3) $0<|z-2|<1$;　(4) $1<|z-2|<2$.

复习题 4

1. 选择题.

(1) 若 $\lim\limits_{n\to\infty}z_n=0$,则复数项级数 $\sum_{n=1}^{\infty}z_n$( ).

(A) 收敛　(B) 发散

(C) 可能收敛,可能发散　　(D) 以上说法都不对

(2) 下列结论正确的是(　　).

(A) 若 $\sum_{n=1}^{\infty} |z_n|$ 收敛,则 $\sum_{n=1}^{\infty} z_n$ 收敛

(B) 若 $\sum_{n=1}^{\infty} z_n$ 收敛,则 $\sum_{n=1}^{\infty} |z_n|$ 收敛

(C) 若 $\sum_{n=1}^{\infty} |z_n|$ 发散,则 $\sum_{n=1}^{\infty} z_n$ 发散

(D) 若 $\sum_{n=1}^{\infty} z_n$ 发散,则 $\sum_{n=1}^{\infty} |z_n|$ 可能收敛

(3) 幂级数在它的收敛圆周上(　　).

(A) 一定收敛　　(B) 一定发散

(C) 可能收敛,可能发散　　(D) 以上说法都不对

(4) 如果级数 $\sum_{n=0}^{\infty} a_n(z-1)^n$ 在 $z=3$ 发散,则它必在(　　).

(A) $z=-1$ 收敛　　(B) $z=-2$ 发散

(C) $z=2$ 收敛　　(D) $z=2$ 发散

(5) 幂级数 $\sum_{n=0}^{\infty}(n+1)z^n$ 的收敛半径是(　　).

(A) 1　　(B) ∞

(C) 0　　(D) 2

(6) 函数 $f(z)=\mathrm{e}^z$ 在 $z=0$ 处的泰勒级数是(　　).

(A) $\sum_{n=0}^{\infty} \frac{z^n}{n!}$　　(B) $\sum_{n=0}^{\infty}(-1)^n \frac{z^{n+1}}{n+1}$

(C) $\sum_{n=0}^{\infty}(-1)^n \frac{z^{2n+1}}{(2n+1)!}$　　(D) $\sum_{n=0}^{\infty}(-1)^n \frac{2^{2n}}{(2n)!}$

(7) 函数 $\frac{\sin z}{z}$ 在 $z=0$ 的空心邻域内展开成的洛朗级数是(　　).

(A) $\sum_{n=0}^{\infty} \frac{(-1)^n z^{2n+1}}{(2n+1)!}$　　(B) $\sum_{n=0}^{\infty} \frac{(-1)^n z^{2n}}{(2n)!}$

(C) $\sum_{n=0}^{\infty} \frac{(-1)^n z^{2n}}{(2n+1)!}$　　(D) $\sum_{n=0}^{\infty} \frac{(-1)^n z^{2n+1}}{(2n)!}$

2. 填空题.

(1) 若 $\sum_{n=1}^{\infty} |z_n|$ 收敛,则 $\sum_{n=1}^{\infty} z_n$ ____________ 收敛;若 $\sum_{n=1}^{\infty} |z_n|$ 发散,则 $\sum_{n=1}^{\infty} z_n$ ____________ 发散.

(2) 幂级数 $\sum_{n=1}^{\infty} \frac{(z-1)^n}{2^n \cdot n^3}$ 的收敛半径为____________,收敛圆域为____________.

(3) 函数 $f(z)=\cos z$ 在 $z=0$ 处的泰勒级数是__________.

(4) 函数 $f(z)=\dfrac{1}{z(z-1)}$ 在 $0<|z|<1$ 内展成的洛朗级数为__________.

(5) 函数 $f(z)=\dfrac{e^z}{z^2}$ 在 $0<|z|<+\infty$ 内展成的洛朗级数为__________.

3. (1) 判断下列级数是否收敛,若收敛,是绝对收敛还是条件收敛?

① $\sum\limits_{n=1}^{\infty}\left[\dfrac{(-1)^n}{n}+\dfrac{1}{2^n}i\right]$;　　② $\sum\limits_{n=1}^{\infty}\dfrac{i^n}{n}$;

③ $\sum\limits_{n=1}^{\infty}\dfrac{(8i)^n}{n!}$;　　④ $\sum\limits_{n=1}^{\infty}\dfrac{(6+5i)^n}{8^n}$.

(2) 求下列函数的收敛半径:

① $\sum\limits_{n=1}^{\infty}\dfrac{z^n}{n^2}$;　　② $\sum\limits_{n=1}^{\infty}\dfrac{z^n}{n!}$;

③ $\sum\limits_{n=1}^{\infty}\dfrac{n}{2^n}z^n$;　　④ $\sum\limits_{n=1}^{\infty}\dfrac{(z-2)^n}{n}$;

⑤ $\sum\limits_{n=0}^{\infty}\dfrac{1}{2^n+i3^n}z^n$;　　⑥ $\sum\limits_{n=1}^{\infty}(1-i)^nz^n$.

(3) 求下列函数在指定点 z_0 处的泰勒展开式,并指出收敛半径:

① $\dfrac{z}{z+2}$, $z_0=1$;　　② $\dfrac{1}{(1-z)^2}$, $z_0=0$;

③ $\tan z$, $z_0=\dfrac{\pi}{4}$.

(4) 求下列函数在指定圆环域内的洛朗展开式:

① $\dfrac{1}{(z^2+1)(z-2)}$, $1<|z|<2$;

② $\dfrac{z-1}{(z+3)(z-2)}$, $2<|z|<3$;

③ $\dfrac{1}{z^2(z-i)}$, $0<|z-i|<1$.

上机演练与实验

实验 3　用 MATLAB 求函数的泰勒展开式

(1) 实验类型:验证性.

(2) 实验类别:基础实验.

(3) 实验学时数:1 学时.

(4) 实验目的:

① 熟悉 MATLAB 基本命令与操作;

② 掌握 MATLAB 求函数的泰勒展开式.

(5) 实验内容:

用函数 taylor 求函数的泰勒展开式.

函数:taylor

格式:taylor(f) 或 taylor(f, z)　　% 函数 f 在 $z=0$ 处展成 5 次泰勒展式

taylor(f, z, 'order', n)　　% 函数 f 在 $z=0$ 处展成 $n-1$ 次泰勒展式

taylor(f, z, a)　　% 函数 f 在 $z=a$ 处展成 5 次泰勒展式

taylor(f, z, a, 'order', n)　　% 函数 f 在 $z=a$ 处展成 $n-1$ 次泰勒展式

例 1 求函数 $f(z)=\dfrac{1}{3-2z}$ 在 $z=9$ 处的泰勒展开式.

【MATLAB 源程序】

```
>> syms z
>> f = 1/(3 - 2 * z);
>> taylor(f, z, 9)

ans =

(2 * z)/225 - (4 * (z - 9)^2)/3375 + (8 * (z - 9)^3)/50625 - (16 * (z - 9)^4)/759375 +
(32 * (z - 9)^5)/11390625 - 11/75

>> pretty(taylor(f, z, 9))          % 展成易读格式
                2             3              4               5
2z     4(z - 9)      8(z - 9)     16(z - 9)      32(z - 9)       11
--- -  --------- +  --------- -  ---------- +  ----------- -  --
225      3375         50625        759375        11390625      75
```

例 2 求函数 $f(z)=e^{-2z}$ 在 $z=0$ 处的泰勒展开式(8 次幂多项式).

【MATLAB 源程序】

```
>> syms z
>> taylor(exp(-2 * z), z, 'order', 9)

ans =

(2 * z^8)/315 - (8 * z^7)/315 + (4 * z^6)/45 - (4 * z^5)/15 + (2 * z^4)/3 - (4 * z^3)/3 +
2 * z^2 - 2 * z + 1
```

例 3 求函数 $f(z)=e^{-2z}$ 在 $z=1$ 处的泰勒展开式(8 次幂多项式).

【MATLAB 源程序】

```
>> syms z
>> taylor(exp(-2*z), z, 1, 'order', 9)

ans =

exp(-2) - 2*exp(-2)*(z-1) + 2*exp(-2)*(z-1)^2 - (4*exp(-2)*(z-1)^3)/3 + (2*exp(-2)*(z-1)^4)/3 - (4*exp(-2)*(z-1)^5)/15 + (4*exp(-2)*(z-1)^6)/45 - (8*exp(-2)*(z-1)^7)/315 + (2*exp(-2)*(z-1)^8)/315
```

第 5 章　留数及其应用

本章是柯西积分理论的继续.我们已经知道,如果函数在简单闭曲线 C 及其所围成的区域内解析,那么该函数在 C 上的积分为零.但是,若被积函数在简单闭曲线 C 所围成的区域内有有限个奇点时,相应的积分该是多少呢?本章将通过留数这个工具来计算这类积分.

在本章中将以洛朗级数为工具,引入解析函数孤立奇点的概念,然后介绍留数的计算以及留数定理,最后介绍留数在某些定积分和广义积分中的应用.

5.1　解析函数的孤立奇点

5.1.1　孤立奇点的概念和分类

孤立奇点是解析函数的奇点中最简单最重要的一种类型.以解析函数的洛朗展开式为工具,我们能够在孤立奇点的空心邻域内充分研究一个解析函数的性质.

定义 5.1.1　如果 $f(z)$ 在 z_0 的某一个空心邻域内解析,但在 z_0 点不解析,则称 z_0 为 $f(z)$ 的一个**孤立奇点**.

例如,函数 $f(z)=\dfrac{1}{(z-\mathrm{i})(z-1)}$ 有两个孤立奇点,它们是 $z=\mathrm{i}$ 和 $z=1$.

注意　函数的奇点并不都是孤立的.例如,函数 $f(z)=\dfrac{1}{\sin\dfrac{1}{z}}$, $z=0$ 是它的一个奇点,除此之外,$z_n=\dfrac{1}{n\pi}\quad(n=1,2,\cdots)$ 也都是它的奇点.但 $z=0$ 不是孤立奇点,因为在 $z=0$ 的任何邻域中,总有形如 $z_n=\dfrac{1}{n\pi}$ 的奇点.

如果 z_0 为 $f(z)$ 的一个孤立奇点，则必存在 z_0 的某空心邻域 $0<|z-z_0|<\delta$，使得 $f(z)$ 在该空心邻域内可展成洛朗级数

$$f(z)=\sum_{n=-\infty}^{\infty}c_n(z-z_0)^n=\sum_{n=1}^{\infty}c_{-n}(z-z_0)^{-n}+\sum_{n=0}^{\infty}c_n(z-z_0)^n,$$

其中主要部分(即负幂项部分) $\sum_{n=1}^{\infty}c_{-n}(z-z_0)^{-n}$ 体现了函数在 z_0 点的奇异性质，根据展开式中负幂项的不同情况，把孤立奇点分为三类：可去奇点、极点、本性奇点.

定义 5.1.2 设 z_0 为 $f(z)$ 的一个孤立奇点，如果 $f(z)$ 在 z_0 的主要部分为零，则称 z_0 为 $f(z)$ 的**可去奇点**.

例如，函数 $f(z)=\dfrac{\sin z}{z}$ 有孤立奇点 $z=0$，在其空心邻域 $0<|z|<+\infty$ 内有洛朗展开式

$$\frac{\sin z}{z}=1-\frac{z^2}{3!}+\frac{z^4}{5!}+\cdots,$$

其主要部分为零. 如果约定在 $z=0$ 时，$\dfrac{\sin z}{z}=1$，则函数 $f(z)=\dfrac{\sin z}{z}$ 在 $z=0$ 处就解析了. 因此 $z=0$ 是 $f(z)=\dfrac{\sin z}{z}$ 的可去奇点.

定义 5.1.3 设 z_0 为 $f(z)$ 的一个孤立奇点，如果 $f(z)$ 在 z_0 的主要部分为有限多项，设为

$$\frac{c_{-m}}{(z-z_0)^m}+\frac{c_{-(m-1)}}{(z-z_0)^{m-1}}+\cdots+\frac{c_{-1}}{(z-z_0)}\qquad(c_{-m}\neq 0),$$

则称 z_0 为 $f(z)$ 的 ***m* 级极点**.

例如，$f(z)=\dfrac{1}{(z-1)(z-2)}$ 有孤立奇点 $z=1$，$z=2$，在其空心邻域 $0<|z-1|<1$ 内的洛朗展开式为

$$f(z)=-\frac{1}{z-1}-\sum_{n=0}^{\infty}(z-1)^n,$$

$f(z)$ 的主要部分仅有 1 项，因此 $z=1$ 是 $f(z)$ 的一级极点.

定义 5.1.4 设 z_0 为 $f(z)$ 的一个孤立奇点，如果 $f(z)$ 在 z_0 的主要部分为无穷多项，则称 z_0 为 $f(z)$ 的**本性奇点**.

例如，$f(z)=\mathrm{e}^z+\mathrm{e}^{\frac{1}{z}}$ 以 $z=0$ 为孤立奇点，在其空心邻域 $0<|z|<+\infty$ 内有洛

朗展开式

$$e^z + e^{\frac{1}{z}} = 2 + \sum_{n=1}^{+\infty} \frac{z^n}{n!} + \sum_{n=1}^{+\infty} \frac{1}{n!} \cdot \frac{1}{z^n},$$

$f(z)$ 的主要部分有无穷多项,因此 $z=0$ 是 $f(z)$ 的本性奇点.

下面从函数的性态来分别讨论三类孤立奇点的特征.

若 z_0 为 $f(z)$ 的一个可去奇点,则有

$$f(z) = c_0 + c_1(z-z_0) + c_2(z-z_0)^2 + \cdots \quad (0 < |z-z_0| < \delta).$$

等式右端表示圆 $|z-z_0| < \delta$ 内的解析函数. 如果令 $f(z_0) = c_0$,则 $f(z)$ 在圆内与一个解析函数重合. 也就是说,只需要把 $f(z)$ 在 z_0 点的值重新定义,那么 z_0 点就是 $f(z)$ 的解析点. 这也是把 z_0 点称为函数 $f(z)$ 的可去奇点的原因.

定理 5.1.1 z_0 是 $f(z)$ 的一个可去奇点的充分必要条件是 $\lim\limits_{z \to z_0} f(z) = A \quad (A \neq \infty)$.

由此可见,可以补充定义 $f(z_0) = A$,使 $f(z)$ 在 z_0 及其邻域内为解析函数.

定理 5.1.2 z_0 是 $f(z)$ 的一个极点的充分必要条件是 $\lim\limits_{z \to z_0} f(z) = \infty$.

若 z_0 为 $f(z)$ 的一个 m 级极点,则有

$$f(z) = c_{-m}(z-z_0)^{-m} + \cdots + c_1(z-z_0)^{-1} + c_0 + c_1(z-z_0) + \cdots \; (m > 1,\ c_{-m} \neq 0).$$

上式可改写为

$$f(z) = \frac{1}{(z-z_0)^m} \cdot g(z),$$

其中

$$g(z) = c_{-m} + c_{-m+1}(z-z_0) + c_{-m+2}(z-z_0)^2 + \cdots$$

在圆域 $|z-z_0| < \delta$ 内解析,且 $g(z_0) = c_{-m} \neq 0$.

定理 5.1.3 z_0 是 $f(z)$ 的一个 m 级极点的充分必要条件是 $f(z)$ 在 $0 < |z-z_0| < \delta$ 内能表示成 $f(z) = \dfrac{1}{(z-z_0)^m} \cdot g(z)$,其中 $g(z)$ 在 $|z-z_0| < \delta$ 内解析,且 $g(z_0) \neq 0$.

如果 $f(z) = \dfrac{g(z)}{(z-z_0)^m} (m \in \mathbf{N})$,其中 $g(z)$ 在 z_0 点解析,且 $g(z_0) \neq 0$,则有

$$\lim_{z \to z_0} (z-z_0)^m f(z) = \lim_{z \to z_0} g(z) = g(z_0),$$

此时称 z_0 是 $f(z)$ 的一个 m 级极点．当 $m=1$ 时，又叫**简单极点**．

定理 5.1.4 z_0 是 $f(z)$ 的一个本性奇点的充分必要条件是$\lim\limits_{z\to z_0}f(z)$ 不存在．

例 1 判断下列孤立奇点的类型，并指出极点的级数．

(1) $f(z)=\dfrac{\sin z}{z}$；　　(2) $f(z)=\dfrac{z-1}{(z^2+1)(z^4-1)}$；

(3) $f(z)=\sin\dfrac{1}{z-1}$；　　(4) $f(z)=\dfrac{\sin z}{z^3}$．

解 (1) $z=0$ 是孤立奇点，因为

$$\lim_{z\to 0}\frac{\sin z}{z}=1,$$

所以 $z=0$ 是可去奇点．

(2)
$$\frac{z-1}{(z^2+1)(z^4-1)}=\frac{z-1}{(z+1)(z-1)(z^2+1)^2}=\frac{z-1}{(z+1)(z-1)(z+\mathrm{i})^2(z-\mathrm{i})^2},$$

因为

$$\lim_{z\to 1}f(z)=\frac{1}{8},$$

$$\lim_{z\to 1}(z+1)f(z)=\frac{1}{4},$$

$$\lim_{z\to\pm\mathrm{i}}(z\mp\mathrm{i})^2f(z)=\frac{-1}{4(1\pm\mathrm{i})}.$$

所以 $z=1$ 是可去奇点；$z=-1$ 是一级极点；$z=\pm\mathrm{i}$ 是二级极点．

(3) $z=1$ 为孤立奇点，$\lim\limits_{z\to 1}\sin\dfrac{1}{z-1}$ 不存在也不是无穷大，所以 $z=1$ 是 $\sin\dfrac{1}{z-1}$ 本性奇点．

(4) $z=0$ 为孤立奇点，因为

$$\lim_{z\to 0}\frac{\sin z}{z^3}=\infty,\ \lim_{z\to 0}z^2\cdot\frac{\sin z}{z^3}=1.$$

所以 $z=0$ 是二级极点．

5.1.2 函数零点与极点的关系

对于有理分式函数，利用$\lim\limits_{z\to z_0}(z-z_0)^m f(z)=\lim\limits_{z\to z_0}g(z)=g(z_0)$ 判定极点级数是

容易的，但对于其他函数如$\dfrac{1}{z-\sin z}$就不容易了．下面通过零点与极点的关系亦可判别极点的级数．

定义 5.1.5　若函数 $f(z)$ 在 z_0 点解析且有 $f(z_0)=0$，则称 z_0 是 $f(z)$ 的**零点**.

设 z_0 是 $f(z)$ 的零点，则 $f(z)$ 必含有 $(z-z_0)^m$ 的因子，$f(z)$ 可表示为

$$f(z)=(z-z_0)^m h(z)\ (h(z_0)\neq 0,\ m\in \mathbf{Z}),$$

那么称 z_0 是 $f(z)$ 的 $\boldsymbol{m}$ **级零点**.

例如，函数 $f(z)=z(z-1)^4$，$z=0$ 是 $f(z)$ 的一级零点，$z=1$ 是 $f(z)$ 的四级零点.

定理 5.1.5　点 z_0 是 $f(z)$ 的 m 级零点的充要条件 $f(z_0)=f'(z_0)=\cdots=f^{(m-1)}(z_0)=0$，且 $f^{(m)}(z_0)\neq 0$.

定理 5.1.6　设 $f(z)$ 在 z_0 处解析，如果 z_0 是 $f(z)$ 的 m 级零点，那么 z_0 必是$\dfrac{1}{f(z)}$的 m 级极点，反之也成立.

例 2　判断下列孤立奇点的类型，并指出极点的级数.

(1) $f(z)=\dfrac{1}{z\sin z}$；　(2) $f(z)=\dfrac{e^z-1}{z^2}$.

解　(1) $z=0,\ z=k\pi\quad(k=\pm1,\ \pm2,\ \cdots)$ 是孤立奇点，且

$$\lim_{z\to 0}\frac{1}{z\sin z}=\infty,\ \lim_{z\to k\pi}\frac{1}{z\sin z}=\infty,$$

故 $z=0,\ z=k\pi\ (k=\pm1,\ \pm2,\ \cdots)$ 都是 $f(z)$ 的极点.

设 $\phi(z)=z\sin z$，则 $z=0,\ z=k\pi\ (k=\pm1,\ \pm2,\ \cdots)$ 是 $\phi(z)=0$ 的零点．又

$$\phi'(z)=\sin z+z\cos z,\ \phi'(0)=0,\ \phi'(k\pi)=(-1)^k k\pi\neq 0,\ \phi''(0)\neq 0,$$

则 $z=0$ 是 $\phi(z)$ 的二级零点，$z=k\pi(k=\pm1,\ \pm2,\ \cdots)$ 是 $\phi(z)$ 的一级零点，从而 $z=0$ 是 $f(z)$ 的二级极点，$z=k\pi(k=\pm1,\ \pm2,\ \cdots)$ 是 $f(z)$ 的一级极点.

(2) $z=0$ 是孤立奇点，且$\displaystyle\lim_{z\to 0}\frac{e^z-1}{z^2}=\lim_{z\to 0}\frac{e^z}{2z}=\infty$，故 $z=0$ 是 $f(z)$ 的极点.

又 $z=0$ 是分母 z^2 的二级零点，是分子 e^z-1 的一级零点，从而 $z=0$ 是 $f(z)$ 的一级极点.

例 3　证明：有理函数的奇点必为可去奇点或极点.

证明　设有理函数 $f(z)=\dfrac{P(z)}{Q(z)}$，除 $Q(z)$ 的零点外处处解析.

设 z_0 是 $Q(z)$ 的 m 级零点，则

$$Q(z)=(z-z_0)^m q(z),$$

其中 $q(z)$ 是一个多项式，且 $q(z_0)\neq 0$.

若 $P(z_0)\neq 0$，由于

$$\frac{P(z)}{Q(z)}=\frac{1}{(z-z_0)^m}\cdot\frac{P(z)}{q(z)},$$

由定理 5.1.3 知，z_0 是 $f(z)$ 的 m 级极点.

若 $P(z_0)=0$，令 $P(z)=(z-z_0)^n p(z)$，其中 $p(z)$ 是一个多项式，且 $p(z_0)\neq 0$，则

$$\frac{P(z)}{Q(z)}=\frac{(z-z_0)^n}{(z-z_0)^m}\cdot\frac{p(z)}{q(z)}.$$

若 $n<m$，z_0 是 $f(z)$ 的极点；若 $n\geqslant m$，则 z_0 是 $f(z)$ 的可去奇点.

5.2 留　　数

5.2.1 留数的定义

如果函数 $f(z)$ 在 z_0 的某邻域内解析，那么根据柯西积分定理，有 $\oint_C f(z)\mathrm{d}z=0$，其中 C 为 z_0 邻域内任意一条简单闭曲线. 但是，如果 z_0 为 $f(z)$ 的一个孤立奇点，且在上述曲线 C 的内部存在点 z_0，则积分 $\oint_C f(z)\mathrm{d}z$ 的值，一般说来，不再等于零. 此时将函数 $f(z)$ 在此邻域内展开成洛朗级数

$$f(z)=\cdots+c_{-n}(z-z_0)^{-n}+\cdots+c_{-1}(z-z_0)^{-1}+c_0+$$
$$c_1(z-z_0)+\cdots+c_n(z-z_0)^n+\cdots,$$

其中系数

$$c_n=\frac{1}{2\pi\mathrm{i}}\oint_C\frac{f(z)}{(z-z_0)^{n+1}}\mathrm{d}z\quad(n=0,\pm 1,\cdots).$$

再对展式的两边沿闭曲线 C 逐项积分，右端各项的积分除留下 $n=-1$ 的一项外，其余各项的积分都等于零.

所以

$$\oint_C f(z)\mathrm{d}z = 2\pi \mathrm{i} c_{-1}.$$

这是由于 z_0 为解析函数 $f(z)$ 的孤立奇点而使积分 $\oint_C f(z)\mathrm{d}z$"留下"的值.

定义 5.2.1　设 z_0 为解析函数 $f(z)$ 的孤立奇点,C 为 $f(z)$ 在 z_0 的某空心邻域 $0<|z-z_0|<\delta$ 内包含 z_0 的闭曲线,则称积分 $\frac{1}{2\pi\mathrm{i}}\oint_C f(z)\mathrm{d}z$ 的值为函数 $f(z)$ 在 z_0 处的**留数**(residue).记作 $\mathrm{Res}[f(z), z_0]$,即

$$\mathrm{Res}[f(z), z_0] = \frac{1}{2\pi\mathrm{i}}\oint_C f(z)\mathrm{d}z.$$

于是有 $\mathrm{Res}[f(z), z_0] = c_{-1}$.即函数 $f(z)$ 在 z_0 的留数就是 $f(z)$ 在以 z_0 为中心的圆环域内的洛朗级数中负幂项 $c_{-1}(z-z_0)^{-1}$ 的系数.

5.2.2　留数的计算

由留数的定义知道,留数与孤立奇点的类型相关.因此如果能预先确定孤立奇点的类型,那将对留数的计算会更加方便.根据孤立奇点的分类,分以下三种情形讨论.

(1) 若 z_0 为函数 $f(z)$ 的可去奇点,则 $\mathrm{Res}[f(z), z_0] = 0$.

(2) 若 z_0 为函数 $f(z)$ 的本性奇点,则 $\mathrm{Res}[f(z), z_0] = c_{-1}$.对于这种情形,一般只能将 $f(z)$ 在 z_0 的空心邻域内展成洛朗级数得到 c_{-1}.

(3) 若 z_0 为函数 $f(z)$ 的极点,用下列定理:

定理 5.2.1　如果 z_0 为函数 $f(z)$ 的 m 级极点,则

$$\mathrm{Res}[f(z), z_0] = \frac{1}{(m-1)!}\lim_{z\to z_0}\frac{\mathrm{d}^{m-1}}{\mathrm{d}z^{m-1}}[(z-z_0)^m f(z)].$$

证明　设 z_0 为函数 $f(z)$ 的 m 级极点,则

$$f(z) = \frac{1}{(z-z_0)^m}[c_{-m} + c_{-m+1}(z-z_0) + \cdots + c_0(z-z_0)^m + \cdots],$$

于是

$$(z-z_0)^m f(z) = c_{-m} + c_{-m+1}(z-z_0) + \cdots + c_{-1}(z-z_0)^{m-1} + c_0(z-z_0)^m + \cdots. \tag{5-1}$$

对式(5-1)两边求 $m-1$ 阶导数,得

$$\frac{\mathrm{d}^{m-1}}{\mathrm{d}z^{m-1}}[(z-z_0)^m f(z)]=(m-1)!c_{-1}+m!c_0(z-z_0)+\cdots. \tag{5-2}$$

对式(5-2)取极限,得

$$\lim_{z\to z_0}\frac{\mathrm{d}^{m-1}}{\mathrm{d}z^{m-1}}[(z-z_0)^m f(z)]=(m-1)!c_{-1},$$

从而

$$c_{-1}=\mathrm{Res}[f(z),\ z_0]=\frac{1}{(m-1)!}\lim_{z\to z_0}\frac{\mathrm{d}^{m-1}}{\mathrm{d}z^{m-1}}[(z-z_0)^m f(z)].$$

推论 5.2.1 如果 z_0 为函数 $f(z)$ 的一级极点,则

$$\mathrm{Res}[f(z),\ z_0]=\lim_{z\to z_0}(z-z_0)f(z).$$

定理 5.2.2 若 z_0 为函数 $f(z)=\dfrac{p(z)}{q(z)}$ 的一级极点,其中 $p(z)$, $q(z)$ 在 z_0 解析,且 $p(z_0)\neq 0$, $q(z_0)=0$, $q'(z_0)\neq 0$,则

$$\mathrm{Res}[f(z),\ z_0]=\frac{p(z_0)}{q'(z_0)}.$$

证明 因为 z_0 为函数 $f(z)=\dfrac{p(z)}{q(z)}$ 的一级极点,所以

$$\begin{aligned}\mathrm{Res}[f(z),\ z_0]&=\lim_{z\to z_0}(z-z_0)\frac{p(z)}{q(z)}\\&=\lim_{z\to z_0}\frac{p(z)}{\dfrac{q(z)-q(z_0)}{z-z_0}}=\frac{p(z_0)}{q'(z_0)}.\end{aligned}$$

例 1 求函数 $f(z)$ 的孤立奇点处的留数.

(1) $f(z)=\dfrac{\sin z}{z-\pi}$; (2) $f(z)=\dfrac{z^2}{(z-2)(z^2+1)}$;

(3) $f(z)=\mathrm{e}^{\frac{1}{z}}$.

解 (1) 显然 $z=\pi$ 为 $f(z)$ 的孤立奇点,由

$$\lim_{z\to\pi}\frac{\sin z}{z-\pi}=\lim_{z\to\pi}\frac{\cos z}{1}=-1,$$

得 $z=\pi$ 为 $f(z)$ 的可去奇点，所以 $\mathrm{Res}\left[\frac{\sin z}{z-\pi},\ \pi\right]=0$.

(2) $z=2$, $z=\pm\mathrm{i}$ 为函数 $f(z)$ 的一级极点，则

$$\mathrm{Res}\left[\frac{z^2}{(z-2)(z^2+1)},\ 2\right]=\lim_{z\to 2}(z-2)\cdot\frac{z^2}{(z-2)(z^2+1)}=\frac{4}{5},$$

$$\mathrm{Res}\left[\frac{z^2}{(z-2)(z^2+1)},\ \mathrm{i}\right]=\lim_{z\to \mathrm{i}}(z-\mathrm{i})\cdot\frac{z^2}{(z-2)(z^2+1)}=\frac{1-2\mathrm{i}}{10},$$

$$\mathrm{Res}\left[\frac{z^2}{(z-2)(z^2+1)},\ -\mathrm{i}\right]=\lim_{z\to -\mathrm{i}}(z+\mathrm{i})\cdot\frac{z^2}{(z-2)(z^2+1)}=\frac{1+2\mathrm{i}}{10}.$$

(3) 因为 $z=0$ 为孤立奇点，而

$$\lim_{z\to 0}\mathrm{e}^{\frac{1}{z}}=\lim_{\substack{x\to 0^+\\ y\to 0}}\mathrm{e}^{\frac{1}{x+\mathrm{i}y}}=\infty,$$

$$\lim_{z\to 0}\mathrm{e}^{\frac{1}{z}}=\lim_{\substack{x\to 0^-\\ y\to 0}}\mathrm{e}^{\frac{1}{x+\mathrm{i}y}}=0.$$

所以 $\lim\limits_{z\to 0}\mathrm{e}^{\frac{1}{z}}$ 不存在，$z=0$ 是本性奇点.

而函数 $f(z)=\mathrm{e}^{\frac{1}{z}}$ 在 $z=0$ 的某邻域内的洛朗展开式为

$$\mathrm{e}^{\frac{1}{z}}=1+\frac{1}{z}+\frac{1}{2!z^2}+\cdots+\frac{1}{n!z^n}+\cdots.$$

因此 $\mathrm{Res}[\mathrm{e}^{\frac{1}{z}},\ 0]=1$.

例 2　求函数 $f(z)=\frac{1}{z(z+2)^3}$ 在 $z=-2$ 处的留数.

解　$z=-2$ 为 $f(z)$ 的三级极点，则

$$\begin{aligned}\mathrm{Res}\left[\frac{1}{z(z+2)^3},\ -2\right]&=\frac{1}{2!}\lim_{z\to -2}\left[(z+2)^3\cdot\frac{1}{z(z+2)^3}\right]''\\&=\frac{1}{2}\lim_{z\to -2}\left(\frac{1}{z}\right)''=\frac{1}{2}\lim_{z\to -2}\frac{2}{z^3}=-\frac{1}{8}.\end{aligned}$$

例 3　求函数 $f(z)=\frac{z\mathrm{e}^z}{z^2+1}$ 在 $z=\mathrm{i}$ 处的留数.

解　$z=\mathrm{i}$ 是 $f(z)=\frac{z\mathrm{e}^z}{z^2+1}$ 的一级极点，令 $p(z)=z\mathrm{e}^z$, $q(z)=z^2+1$，则 $f(z)=$

$\dfrac{p(z)}{q(z)}$ 满足定理 5.2.2 的条件,因此

$$\operatorname{Res}\left[\frac{ze^z}{z^2+1}, \mathrm{i}\right]=\frac{p(\mathrm{i})}{q'(\mathrm{i})}=\frac{e^{\mathrm{i}}}{2}=\frac{\cos 1+\mathrm{i}\sin 1}{2}.$$

5.2.3 留数定理

定理 5.2.3 设函数 $f(z)$ 在区域 D 内除有限个孤立奇点 z_1, z_2, …, z_n 之外处处解析,C 是 D 内包含各奇点的一条正向简单闭曲线,那么

$$\oint_C f(z)\mathrm{d}z = 2\pi \mathrm{i}\sum_{k=1}^{n}\operatorname{Res}[f(z), z_k].$$

证明 把曲线 C 内的孤立奇点 $z_k(k=1, 2, \cdots, n)$ 用互不包含的正向简单闭曲线 C_k 围绕起来(图5-1),根据复合闭路定理得

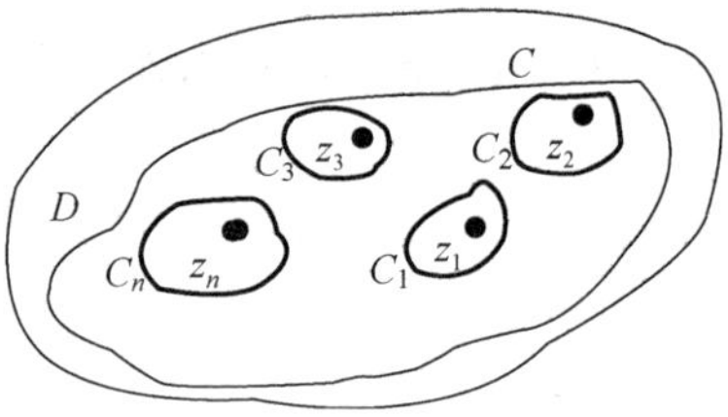

图 5-1

$$\oint_C f(z)\mathrm{d}z = \sum_{k=1}^{n}\oint_{C_k} f(z)\mathrm{d}z,$$

由留数的定义,有

$$\oint_{C_k} f(z)\mathrm{d}z = 2\pi \mathrm{i}\operatorname{Res}[f(z), z_k] \quad (k=1, 2, \cdots, n),$$

代入上式得证.

此定理实际上是柯西积分定理的推论,把沿一条闭曲线 C 的积分归结为求 C 内各孤立奇点处的留数和.因此,当能够用一些简便方法把留数求出来时,便可解决一类积分的计算问题.

例 4 计算积分 $\displaystyle\oint_{|z|=2}\frac{5z-2}{z(z-1)^2}\mathrm{d}z$.

解 由于 $f(z)=\dfrac{5z-2}{z(z-1)^2}$ 在圆周 $|z|=2$ 内部有简单极点 $z=0$ 及二级极点 $z=1$.由留数定理得

$$\oint_{|z|=2}\frac{5z-2}{z(z-1)^2}\mathrm{d}z = 2\pi \mathrm{i}\{\operatorname{Res}[f(z), 0]+\operatorname{Res}[f(z), 1]\},$$

而

$$\operatorname{Res}[f(z),0]=\lim_{z\to 0} z\cdot\frac{5z-2}{z(z-1)^2}=-2,$$

$$\operatorname{Res}[f(z),1]=\lim_{z\to 1}\frac{\mathrm{d}}{\mathrm{d}z}\left[(z-1)^2\cdot\frac{5z-2}{z(z-1)^2}\right]=\lim_{z\to 1}\frac{2}{z^2}=2.$$

于是

$$\oint_{|z|=2}\frac{5z-2}{z(z-1)^2}\mathrm{d}z=2\pi i(-2+2)=0.$$

例 5　计算积分$\oint_C\frac{z\mathrm{e}^z}{z^2-1}\mathrm{d}z$, C 为正向圆周：$|z|=2$.

解　$f(z)=\frac{z\mathrm{e}^z}{z^2-1}$ 有两个一级极点 $z=\pm1$,且这两个极点在 $|z|<2$ 内,由留数定理得

$$\oint_C\frac{z\mathrm{e}^z}{z^2-1}\mathrm{d}z=2\pi i\{\operatorname{Res}[f(z),1]+\operatorname{Res}[f(z),-1]\}.$$

由于

$$\operatorname{Res}[f(z),1]=\lim_{z\to 1}(z-1)\cdot f(z)=\lim_{z\to 1}\frac{z\mathrm{e}^z}{z+1}=\frac{\mathrm{e}}{2},$$

$$\operatorname{Res}[f(z),-1]=\lim_{z\to -1}(z+1)\cdot f(z)=\lim_{z\to -1}\frac{z\mathrm{e}^z}{z-1}=\frac{\mathrm{e}^{-1}}{2}.$$

因此

$$\oint_C\frac{z\mathrm{e}^z}{z^2-1}\mathrm{d}z=\pi\mathrm{i}\left(\mathrm{e}+\frac{1}{\mathrm{e}}\right).$$

*5.3　留数在定积分和反常积分计算中的应用

有些实积分由于被积函数的原函数不能用初等函数的有限形式来表示,因此不能用高等数学的积分方法来计算. 有时即使能求出原函数,但计算过程往往比较复杂. 而利用留数定理来计算这些积分却非常有效,下面将利用留数来计算某些特殊形式的积分.

5.3.1 形如$\int_0^{2\pi} R(\cos\theta, \sin\theta)\mathrm{d}\theta$的积分

这里$R(\cos\theta, \sin\theta)$表示$\cos\theta$, $\sin\theta$的有理函数,并且在$[0, 2\pi]$上连续.

计算形如$\int_0^{2\pi} R(\cos\theta, \sin\theta)\mathrm{d}\theta$的积分,首先将被积函数化为复数形式,再将积分区间$[0, 2\pi]$化为沿闭曲线上的积分.因此,令$z = \mathrm{e}^{\mathrm{i}\theta}$,则

$$\cos\theta = \frac{\mathrm{e}^{\mathrm{i}\theta} + \mathrm{e}^{-\mathrm{i}\theta}}{2} = \frac{z + z^{-1}}{2},$$

$$\sin\theta = \frac{\mathrm{e}^{\mathrm{i}\theta} - \mathrm{e}^{-\mathrm{i}\theta}}{2\mathrm{i}} = \frac{z - z^{-1}}{2\mathrm{i}},$$

$$\mathrm{d}z = \mathrm{i}\mathrm{e}^{\mathrm{i}\theta}\mathrm{d}\theta, \text{即 } \mathrm{d}\theta = \frac{\mathrm{d}z}{\mathrm{i}z}.$$

当θ由0变到2π时,z恰好沿圆周$|z| = 1$的正向绕行一周.于是

$$\int_0^{2\pi} R(\cos\theta, \sin\theta)\mathrm{d}\theta = \oint_{|z|=1} R\left(\frac{z + z^{-1}}{2}, \frac{z - z^{-1}}{2\mathrm{i}}\right)\frac{\mathrm{d}z}{\mathrm{i}z}.$$

若函数$f(z) = R\left(\frac{z + z^{-1}}{2}, \frac{z - z^{-1}}{2\mathrm{i}}\right)\frac{1}{\mathrm{i}z}$在$|z| < 1$内只有有限个奇点$z_1$, z_2, …, z_n,由留数定理得

$$\int_0^{2\pi} R(\cos\theta, \sin\theta)\mathrm{d}\theta = 2\pi\mathrm{i}\sum_{k=1}^{n}\mathrm{Res}[f(z), z_k].$$

注意 这里关键一步是进行变量代换$z = \mathrm{e}^{\mathrm{i}\theta}$,至于被积函数$R(\cos\theta, \sin\theta)$在$[0, 2\pi]$上的连续性可不必先检验,只要看代换后的被积函数在$|z| = 1$上是否有奇点.

例 1 计算$I = \int_0^{2\pi} \frac{\mathrm{d}\theta}{2 + \cos\theta}$.

解 令$z = \mathrm{e}^{\mathrm{i}\theta}$, $\mathrm{d}z = \mathrm{i}\mathrm{e}^{\mathrm{i}\theta}\mathrm{d}\theta$,则$\mathrm{d}\theta = \frac{\mathrm{d}z}{\mathrm{i}z}$.

$$\cos\theta = \frac{\mathrm{e}^{\mathrm{i}\theta} + \mathrm{e}^{-\mathrm{i}\theta}}{2} = \frac{z + z^{-1}}{2} = \frac{z^2 + 1}{2z},$$

$$\sin\theta = \frac{\mathrm{e}^{\mathrm{i}\theta} - \mathrm{e}^{-\mathrm{i}\theta}}{2\mathrm{i}} = \frac{z - z^{-1}}{2\mathrm{i}} = \frac{z^2 - 1}{2\mathrm{i}z},$$

当θ从0变到2π时,z沿圆周$|z| = 1$的正向绕行一周,

于是

$$I=\int_0^{2\pi}\frac{d\theta}{2+\cos\theta}=\frac{2}{i}\oint_C\frac{dz}{z^2+4z+1},$$

被积函数$\frac{1}{z^2+4z+1}$在$|z|<1$内只有一个极点$z=-2+\sqrt{3}$，

故

$$I=2\pi i\frac{2}{i}\mathrm{Res}[f(z),-2+\sqrt{3}]=4\pi\frac{1}{2z+4}\bigg|_{z=-2+\sqrt{3}}=\frac{2\sqrt{3}}{3}\pi.$$

5.3.2　形如$\int_{-\infty}^{+\infty}R(x)dx$的积分

设$R(x)=\frac{P(x)}{Q(x)}=\frac{x^n+a_1x^{n-1}+\cdots+a_n}{x^m+b_1x^{m-1}+\cdots+b_m}\quad(m-n\geqslant 2)$

为有理分式，且$Q(x)\neq 0$.

取积分路径(图 5-2)，其中C为以圆点为中心，R为半径的上半平面的半圆周. 取R适当地大，使$R(z)$所有的上半平面内的极点z_k都包含在积分路径内.

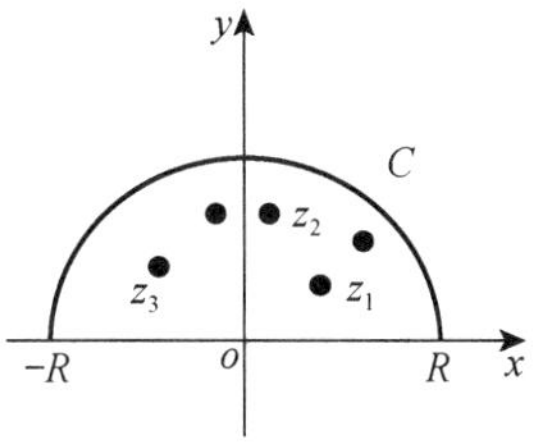

图 5-2

根据留数定理，

$$\int_{-R}^{+R}R(x)dx+\int_{C_R}R(z)dz=2\pi i\sum_k\mathrm{Res}[R(z),z_k].$$

当$|z|$充分大时，由于$m-n\geqslant 2$，

$$\begin{aligned}|R(z)|&=\frac{1}{|z|^{m-n}}\frac{|1+a_1z^{-1}+\cdots+a_nz^{-n}|}{|1+b_1z^{-1}+\cdots+b_mz^{-m}|}\\&\leqslant\frac{1}{|z|^{m-n}}\frac{1+|a_1z^{-1}+\cdots+a_nz^{-n}|}{1-|b_1z^{-1}+\cdots+b_mz^{-m}|}\\&<\frac{2}{|z|^2}.\end{aligned}$$

因此，在半径R充分大时，

$$\left|\int_{C_R}R(z)dz\right|\leqslant\frac{2}{R^2}\cdot\pi R=\frac{2\pi}{R}.$$

于是当$R\to+\infty$时，$\int_{C_R}R(z)dz\to 0$，

所以

$$\int_{-\infty}^{+\infty} R(x)\mathrm{d}x = 2\pi\mathrm{i}\sum_{k=1}^{n}\mathrm{Res}[R(z),\ z_k].$$

特别地，当 $R(x)$ 为偶函数时，有

$$\int_{0}^{+\infty} R(x)\mathrm{d}x = \frac{1}{2}\int_{-\infty}^{+\infty} R(x)\mathrm{d}x = \pi\mathrm{i}\sum_{k=1}^{n}\mathrm{Res}[R(z),\ z_k].$$

例 2 计算 $I=\int_{-\infty}^{+\infty}\frac{x^2}{(x^2+1)(x^2+4)}\mathrm{d}x$.

解 令 $f(z)=\frac{z^2}{(z^2+1)(z^2+4)}$，则 $f(z)$ 在实轴上无奇点，并且分母次数比分子次数高两次，它在上半平面内有两个极点 $z_1=\mathrm{i}$，$z_2=2\mathrm{i}$，它们的留数分别是

$$\mathrm{Res}[f(z),\ \mathrm{i}]=-\frac{1}{6\mathrm{i}},$$

$$\mathrm{Res}[f(z),\ 2\mathrm{i}]=\frac{1}{3\mathrm{i}}.$$

所以

$$I=2\pi\mathrm{i}\{\mathrm{Res}[f(z),\ \mathrm{i}]+\mathrm{Res}[f(z),\ 2\mathrm{i}]\}=\frac{\pi}{3}\ .$$

例 3 计算 $I=\int_{0}^{+\infty}\frac{x^2}{x^4+1}\mathrm{d}x$.

解 由于 $R(x)=\frac{x^2}{x^4+1}$ 是偶函数，所以

$$\int_{0}^{+\infty}\frac{x^2}{x^4+1}\mathrm{d}x=\frac{1}{2}\int_{-\infty}^{+\infty}\frac{x^2}{x^4+1}\mathrm{d}x,$$

令 $R(z)=\frac{z^2}{z^4+1}$，则 z^4+1 在实轴上恒不为零.

$R(z)$ 在上半平面有两个一级极点 $z_1=\mathrm{e}^{\frac{\pi}{4}\mathrm{i}}$，$z_2=\mathrm{e}^{\frac{3\pi}{4}\mathrm{i}}$，

而

$$\mathrm{Res}[R(z),\ z_j]=\left.\frac{z^2}{(z^4+1)'}\right|_{z=z_j}=\frac{1}{4z_j}\quad (j=1,\ 2),$$

于是

$$\int_0^{+\infty} \frac{x^2}{x^4+1}\mathrm{d}x = \frac{1}{2}\int_{-\infty}^{+\infty} \frac{x^2}{x^4+1}\mathrm{d}x = \pi\mathrm{i}\left(\frac{1}{4\mathrm{e}^{\frac{\pi}{4}\mathrm{i}}} + \frac{1}{4\mathrm{e}^{\frac{3}{4}\pi\mathrm{i}}}\right) = \frac{\sqrt{2}}{4}\pi.$$

本章小结

在本章中，主要介绍了孤立奇点的概念及其判别方法，留数的概念，留数的计算规则，以及应用留数定理计算沿封闭曲线的积分和一些特殊形式的积分.

本章的重点是留数的计算以及求沿封闭曲线的积分.

习题 5

1. 判断下面的说法是否正确：

(1) 复变函数 $\omega = f(z)$ 的奇点都是孤立的. ( )

(2) 如果 $f(z)$ 没有零点，则 $\dfrac{1}{f(z)}$ 没有奇点. ( )

(3) $z=0$ 为 $\dfrac{\ln(1+z)}{z^2}$ 的二级极点. ( )

(4) $z=a$ 是 $(z-a)^5\sin\dfrac{1}{(z-a)^2}$ 的二级极点. ( )

2. 指出下列函数的奇点及其类型，若是极点，指出它的级数：

(1) $\dfrac{\ln(z+1)}{z}$； (2) $z\cos\dfrac{1}{z}$； (3) $\dfrac{\mathrm{e}^z-1}{z}$； (4) $\dfrac{1}{z(z^2+1)^2}$；

(5) $\dfrac{z}{z^2+2z+5}$； (6) $\dfrac{1}{z^4+1}$； (7) $\dfrac{1}{(z^2+\mathrm{i})^3}$； (8) $\cos\dfrac{1}{z+\mathrm{i}}$.

3. 求下列函数在孤立奇点处的留数：

(1) $f(z)=\dfrac{z^2}{z^2+2}$； (2) $f(z)=\dfrac{z}{(z-1)(z+1)^2}$；

(3) $f(z)=\dfrac{1-\mathrm{e}^{2z}}{z^4}$； (4) $f(z)=\dfrac{\mathrm{e}^{\mathrm{i}z}}{1+z^2}$；

(5) $f(z)=\dfrac{\sec z}{z^3}$； (6) $f(z)=\dfrac{\mathrm{e}^z}{z(z-1)^2}$.

4. 设 z_0 是 $f(z)$ 的 5 级零点，求 $\mathrm{Res}\left[\dfrac{f'(z)}{f(z)}, z_0\right]$.

5. 设 z_0 是 $f(z)$ 的 5 级极点，求 $\mathrm{Res}\left[\dfrac{f'(z)}{f(z)}, z_0\right]$.

6. 利用留数定理计算下列积分(其中积分路径为正向)：

(1) $\oint_C \frac{\sin z}{z}dz$, C: $|z|=\frac{3}{2}$；

(2) $\oint_C \frac{e^{2z}}{(z-1)^2}dz$, C: $|z|=2$；

(3) $\oint_C \frac{z}{z^2-1}dz$, C: $|z|=2$；

(4) $\oint_C \frac{z}{(z-1)(z-2)^2}dz$, C: $|z-2|=\frac{1}{2}$.

7. 计算下列积分：

(1) $\int_0^{2\pi}\frac{d\theta}{5+3\sin\theta}$；

(2) $\int_0^{2\pi}\frac{d\theta}{3+\cos\theta}$；

(3) $I=\int_{-\infty}^{+\infty}\frac{1}{(x^2+1)^2}dx$；

(4) $I=\int_0^{+\infty}\frac{x^2}{x^4+1}dx$.

复 习 题 5

1. 选择题.

(1) 若 z_0 是 $f(z)$ 的孤立奇点,则使 $\mathrm{Res}[f(z), z_0]=0$ 的充分条件是:z_0 是 $f(z)$ 的(　　).

(A) 可去奇点　　(B) 本性奇点

(C) 极点　　(D) 零点

(2) 若 z_0 是 $f(z)$ 的本性奇点,则 $\mathrm{Res}[f(z), z_0]=$(　　).

(A) c_{-1}　　(B) c_1　　(C) c_0　　(D) 以上都不对

(3) 函数 $f(z)=\frac{1}{z}$ 在整个复平面上(　　).

(A) 有孤立奇点　　(B) 没有孤立奇点

(C) 处处解析　　(D) 以上都不对

(4) 函数 $f(z)=z^n(n>1)$ 在 z 平面上(　　).

(A) 有孤立奇点　　(B) 没有孤立奇点

(C) 处处解析　　(D) 以上都不对

(5) $z=0$ 是函数 $f(z)=\frac{1}{z(z^2+1)^2}$ 的(　　).

(A) 可去奇点　　(B) 本性奇点

(C) 一级极点　　(D) 以上都不对

(6) $z=\mathrm{i}$ 是函数 $f(z)=\frac{1}{z(z^2+1)^2}$ 的(　　).

(A) 可去奇点　　(B) 本性奇点

(C) 二级极点　　(D) 以上都不对

(7) 函数 $f(z)=\dfrac{\cos(\pi z)}{2z-3}$ 在 $|z-\mathrm{i}|=3$ 内的奇点个数为(　　).

(A) 1　　(B) 2

(C) 3　　(D) 4

2. 填空题.

(1) 设 $f(z)=\dfrac{1-\cos z}{z^2}$, $\mathrm{Res}[f(z),0]=$ ________.

(2) 设 $f(z)=\dfrac{z}{z^2+1}$, $\mathrm{Res}[f(z),-\mathrm{i}]=$ ________.

(3) 设 $f(z)=z^2\sin\dfrac{1}{z}$, $\mathrm{Res}[f(z),0]=$ ________.

(4) 设 $f(z)=\dfrac{\mathrm{e}^z}{(z-\mathrm{i})^{10}}$,则 $z=\mathrm{i}$ 是 $f(z)$ 的________ 级极点.

(5) 设 $f(z)=\dfrac{\cos(z-1)}{(z-1)^3}$,则 $z=1$ 是 $f(z)$ 的________ 级极点.

3. 计算题.

(1) 求下列函数的孤立奇点并确定它们的类别,若是极点,指出它们的级数:

① $f(z)=\dfrac{1}{z^3-z^2-z+1}$;　　② $f(z)=\dfrac{1}{(z^2+\mathrm{i})^3}$;

③ $f(z)=\dfrac{z^6+1}{z(z^2+1)}$;　　④ $f(z)=\dfrac{1}{(\mathrm{e}^z-1)}$;

⑤ $f(z)=\sin\dfrac{1}{z-1}$;　　⑥ $f(z)=\dfrac{1}{\sin z^2}$.

(2) 求下列函数在孤立奇点处的留数:

① $f(z)=\dfrac{1}{z^3-z^5}$;　　② $f(z)=\dfrac{1}{z(1-z^2)}$;

③ $f(z)=\dfrac{z^4}{(z^2+1)^2}$;　　④ $f(z)=\dfrac{z}{\cos z}$.

(3) 利用留数定理计算下列积分(其中积分路径为正向):

① $\displaystyle\oint_C\frac{4z^2-4}{z(z-1)}\mathrm{d}z$, C: $|z|=2$;

② $\displaystyle\oint_C\frac{1}{z^2\sin\frac{1}{z}}\mathrm{d}z$, C: $|z|=1$;

③ $\displaystyle\oint_C\frac{z^{2n}}{1+z^n}\mathrm{d}z$($n$ 为正整数), C: $|z|=r>1$;

④ $\displaystyle\oint_C\tan\pi z\,\mathrm{d}z$($n$ 为正整数), C: $|z|=10$.

(4) 利用留数计算积分:

① $\int_0^{+\infty}\frac{x^2}{(x^2+1)(x^2+4)}\mathrm{d}x$; ② $\int_0^{2\pi}\frac{4}{5+4\sin\theta}\mathrm{d}\theta$.

上机演练与实验

实验 4 MATLAB 计算留数和积分

(1) 实验类型:验证性.

(2) 实验类别:基础实验.

(3) 实验学时数:1 学时.

(4) 实验目的:

① 熟悉 MATLAB 基本命令与操作;

② 掌握 MATLAB 计算留数;

③ 掌握 MATLAB 计算封闭曲线上的复积分.

(5) 实验内容:

1. 计算留数

(1) 在 MATLAB 中求函数留数的方法较简单,如果已知奇点 z_0 和重数 m,则可用下面的 MATLAB 语句求出相应的留数.

```
R = limit(f * (z - z0),z,z0)        % 简单极点
R = limit(diff(f * (z - z0)^m,z,m - 1)/prod(1:m - 1),z,z0)        %m 级极点
```

例 1 求函数 $f(z)=\frac{1}{z^3(z-1)}\sin\left(z+\frac{\pi}{3}\right)e^{-2z}$ 在孤立奇点处的留数.

【分析】 $z=0$ 是三级极点,$z=1$ 是简单极点,可以直接使用下面的 MATLAB 语句分别求出这两个奇点的留数.

【MATLAB 源程序】

```
syms z
f = sin(z+ pi/3) * exp(- 2 * z)/(z^3 * (z- 1));
R = limit(diff(f * z^3,z,2)/prod(1:2),z,0)

R =

  1/2 - 3^(1/2)/4
R = limit(f * (z- 1),z,1)
```

```
R =

exp(-2) * sin(pi/3 + 1)
```

例 2　求函数 $f(z)=\dfrac{z}{(z-2)^2\cos z}$ 在孤立奇点处的留数.

【MATLAB 源程序】

```
>> syms z
>> f = z/((z-2)^2 * cos(z));
>> R = limit(diff(f * (z-2)^2, z, 1)/prod(1:1), z, 2)

R =

  (2 * sin(2))/cos(2)^2 + 1/cos(2)
   >> R = limit(f * (z- pi/2),z,pi/2)
  R =
  - pi/(2 * (pi/2 - 2)^2)
```

(2) 在 MATLAB 中用函数 Residue 可以计算有理函数的留数.

调用格式如下:

格式:[R, P, K] = (B,A)

说明:向量 B 为 f(z) 的分子系数;

向量 A 为 f(z) 分母系数;

向量 R 为留数;

向量 P 为极点位置;

向量 K 为直接项.

直接项是指有理分式 $f(z)=\dfrac{B(z)}{A(z)}$ 的展开项中没有奇点的项 $K(z)$,如:

$$f(z)=\frac{B(z)}{A(z)}=\frac{Q(1)}{z-P(1)}+\frac{Q(2)}{z-P(2)}+\cdots+\frac{Q(n)}{z-P(n)}+K(z).$$

例 3　求函数 $f(z)=\dfrac{z^3-z^2+1}{(z-1)(z-3)}$ 在孤立奇点处的留数.

【MATLAB 源程序】

```
>> B = [1];
>> B = [1, -1, 0, 1];
>> A = [1, -4, 3];
```

```
>> [R, P, K] = residue(B, A)
R =

     9.5000
    -0.5000

P =

    3
    1

K =
    1      3
```

例 4　求函数 $f(z)=\dfrac{1}{z(z+2)^3}$ 在孤立奇点处的留数.

【MATLAB 源程序】

```
>> B = [1];
>> A = [1, 6, 12, 8, 0];
>> [R, P, K] = residue(B, A)
R =

    -0.1250
    -0.2500
    -0.5000
     0.1250

P =
    -2.0000
    -2.0000
    -2.0000
          0

K =
        [ ]
```

2. 利用留数定理计算闭合路径的积分

对闭合路径的积分,先计算闭区域内各孤立奇点的留数,再利用留数定理可得积分值.

例 5　计算下面的积分$\oint_C \frac{z}{z^4-1}dz$,其中 C 为正向圆周 $|z|=2$.

解　先求被积函数的留数.

【MATLAB 源程序】

```
>> B = [1, 0];
>> A = [1, 0, 0, 0, -1];
>> [R, P, K] = residue(B, A)

R =

     0.2500 + 0.0000i
     0.2500 + 0.0000i
    -0.2500 - 0.0000i
    -0.2500 + 0.0000i

P =

    -1.0000 + 0.0000i
     1.0000 + 0.0000i
     0.0000 + 1.0000i
     0.0000 - 1.0000i

K =

          [ ]
```

可见在圆周 $|z|=2$ 内有四个极点,所以积分值等于 $2\pi i(0.25+0.25-0.25-0.25)=0$.

例 6　求积分$\oint_C \frac{e^x}{x(x-1)^2}dx$,其中 C 为正向圆周 $|x|=4$.

解　可知 $x=0$ 为$\frac{e^x}{x(x-1)^2}$的一级极点,$x=1$ 为$\frac{e^x}{x(x-1)^2}$的二级极点.

【MATLAB 源程序】

```
>> syms x
>> f = exp(x)/(x*(x-1)^2);
>> R1 = limit(f*(x-0), x, 0)

R1 =

1
>> R2 = limit(diff(f*(x-1)^2, x, 1)/prod(1:1), x, 1)
```

R2 =

0

所以 $\oint_C \frac{e^x}{x(x-1)^2}dx = 2\pi i\{\text{Res}[f(x), 0] + \text{Res}[f(x), 1]\} = 2\pi i$.

第6章 傅里叶变换

在自然科学和工程实际应用中，人们在处理一些复杂问题时，常采用变换的方法将问题进行转换，目的是将复杂的运算转化为较简单的运算或使问题的性质变得更清楚．例如信号，往往是时间和空间变量的函数．信号处理在数学上就是一种变换，通过变换把有噪声干扰的信号变为无噪声的且被人们所需要的信号．本章介绍的傅里叶变换就是一种最基本的信号处理方法，它可用于频谱分析和滤波处理等．

6.1 傅里叶积分与频谱

6.1.1 周期函数展为傅里叶级数的三角形式

在学习傅里叶级数的时候，我们已经知道，一个周期为 $2l$ 的函数 $f(t)$ 满足下列条件（称为**狄利克雷条件**）：

（1）在一个周期内连续或只有有限个第一类间断点；

（2）在一个周期内至多只有有限个极值点，则

$f(t)$ 在 $[-l, l]$ 上就可以展成傅里叶级数．

在 $f(t)$ 的连续点处，级数收敛于 $f(t)$；

在 $f(t)$ 的间断点 t_0 处，级数收敛于 $\frac{1}{2}[f(t_0+0)+f(t_0-0)]$．

这个定理表明，满足狄利克雷条件的周期函数 $f(t)$，其傅里叶级数在 $f(t)$ 的连续点处收敛于 $f(t)$ 本身．也就是说，如果记 $f(t)$ 的傅里叶级数的和函数为 $S(t)$，则当 t 为 $f(t)$ 的连续点时有

$$f(t)=S(t)=\frac{a_0}{2}+\sum_{n=1}^{\infty}\left(a_n\cos\frac{n\pi t}{l}+b_n\sin\frac{n\pi t}{l}\right), \tag{6-1}$$

其中,

$$a_0=\frac{1}{l}\int_{-l}^{l}f(t)\mathrm{d}t,$$

$$a_n=\frac{1}{l}\int_{-l}^{l}f(t)\cos\frac{n\pi t}{l}\mathrm{d}t,\ n\in\mathbf{Z}^+,$$

$$b_n=\frac{1}{l}\int_{-l}^{l}f(t)\sin\frac{n\pi t}{l}\mathrm{d}t,\ n\in\mathbf{Z}^+.$$

若记 $\omega=\frac{\pi}{l}$,则当 t 为 $f(t)$ 的连续点时,式(6-1) 可化为

$$f(t)=\frac{a_0}{2}+\sum_{n=1}^{\infty}(a_n\cos n\omega t+b_n\sin n\omega t).\tag{6-2}$$

6.1.2 傅里叶级数的复指数形式

为了和电工学一致,我们记虚数单位“i” 为“j”. 为了应用方便,将三角形式转化为复数形式. 由欧拉公式

$$\cos\theta=\frac{\mathrm{e}^{\mathrm{j}\theta}+\mathrm{e}^{-\mathrm{j}\theta}}{2},\quad \sin\theta=\frac{\mathrm{e}^{\mathrm{j}\theta}-\mathrm{e}^{-\mathrm{j}\theta}}{2\mathrm{j}}=-\mathrm{j}\,\frac{\mathrm{e}^{\mathrm{j}\theta}-\mathrm{e}^{-\mathrm{j}\theta}}{2}.$$

得

$$\cos n\omega t=\frac{1}{2}(\mathrm{e}^{\mathrm{j}n\omega t}+\mathrm{e}^{-\mathrm{j}n\omega t}),$$

$$\sin n\omega t=\frac{1}{2\mathrm{j}}(\mathrm{e}^{\mathrm{j}n\omega t}-\mathrm{e}^{-\mathrm{j}n\omega t})=-\mathrm{j}\,\frac{1}{2}(\mathrm{e}^{\mathrm{j}n\omega t}-\mathrm{e}^{-\mathrm{j}n\omega t}).$$

此时

$$\begin{aligned}f(t)&=\frac{a_0}{2}+\sum_{n=1}^{+\infty}(a_n\cos n\omega t+b_n\sin n\omega t)\\&=\frac{a_0}{2}+\sum_{n=1}^{+\infty}\left(\frac{a_n-\mathrm{j}b_n}{2}\mathrm{e}^{\mathrm{j}n\omega t}+\frac{a_n+\mathrm{j}b_n}{2}\mathrm{e}^{-\mathrm{j}n\omega t}\right).\end{aligned}$$

令

$$c_0=\frac{a_0}{2},\quad c_n=\frac{a_n-\mathrm{j}b_n}{2},\quad c_{-n}=\frac{a_n+\mathrm{j}b_n}{2},$$

于是有

定理6.1.1　周期为$2l$的信号$f(t)$若满足狄利克雷条件，则$f(t)$的复指数形式为

$$f(t)=c_0+\sum_{n=1}^{+\infty}(c_n e^{jn\omega t}+c_{-n}e^{-jn\omega t})=\sum_{n=-\infty}^{+\infty}c_n e^{jn\omega t} \tag{6-3}$$

或

$$f(t)=\frac{1}{2l}\sum_{n=-\infty}^{+\infty}\left[\int_{-l}^{l}f(\tau)e^{-jn\omega\tau}d\tau\right]e^{jn\omega t}. \tag{6-4}$$

其中

$$c_n=\frac{1}{2l}\int_{-l}^{l}f(t)e^{-jn\omega t}dt \quad (n=0,\pm1,\pm2,\cdots).$$

6.1.3　非周期函数的复指数形式

对于一个非周期函数$f(t)$来说，有下面的定理.

定理6.1.2(傅里叶积分定理)　若$f(t)$在$(-\infty,+\infty)$上满足下列条件：

(1) $f(t)$在任意有限区间上满足狄利克雷条件；

(2) $f(t)$在无限区间$(-\infty,+\infty)$上绝对可积(即积分$\int_{-\infty}^{+\infty}|f(t)|dt$收敛)，

则有

$$f(t)=\frac{1}{2\pi}\int_{-\infty}^{+\infty}\left[\int_{-\infty}^{+\infty}f(\tau)e^{-j\omega\tau}d\tau\right]e^{j\omega t}d\omega \tag{6-5}$$

成立，而左端的$f(t)$在它的间断点处，应以$\dfrac{f(t+0)+f(t-0)}{2}$来代替.这个定理是充分的，它的证明要用到较多的基础理论，这里从略.

6.1.4　频谱与频谱图

电工学中，周期函数$f(t)$通常表示一个周期性的信号，而**谐波**就是按正弦函数那样变化的波，从式(6-3)可以看出，周期为$2l$的信号$f(t)$可分解为频率为ω, 2ω, $\cdots$, $n\omega$, $\cdots$ $\left(\omega=\frac{\pi}{l}\right)$的谐波信号的迭加.周期为$n\omega$的谐波叫$\boldsymbol{n}$ **次谐波**，其中$a_1\cos\omega t+b_1\sin\omega t$叫**基波信号**，余下的各项称为**高次谐波**(简称为**次谐波**).

在傅里叶级数理论中，我们已经知道，对于以$2l$为周期的信号$f(t)$，它的第n次谐波

$$a_n\cos n\omega t+b_n\sin n\omega t=A_n\sin(n\omega t+\varphi_n)$$

的振幅 $A_n=\sqrt{a_n^2+b_n^2}$. 而在复指数形式中,它的第 n 次谐波为

$$c_n\mathrm{e}^{\mathrm{j}n\omega t}+c_{-n}\mathrm{e}^{-\mathrm{j}n\omega t},$$

其中

$$c_n=\frac{a_n-\mathrm{j}b_n}{2},\ c_{-n}=\frac{a_n+\mathrm{j}b_n}{2},$$

并且

$$|c_n|=|c_{-n}|=\frac{1}{2}\sqrt{a_n^2+b_n^2}.$$

所以,以 $2l$ 为周期的信号 $f(t)$ 的第 n 次谐波的振幅为 $A_n=2|c_n|$ $(n=0,1,2,\cdots)$,它描述了各次谐波的振幅随频率变化的分布情况.

所谓**频谱图**,通常是指频率和振幅的关系图,A_n 称为 $f(t)$ 的**振幅频谱**(简称**频谱**).

例 1 周期为 T 的矩形脉冲波(图 6-1),它在 $\left[-\frac{T}{2},\frac{T}{2}\right]$ 上的表达式为

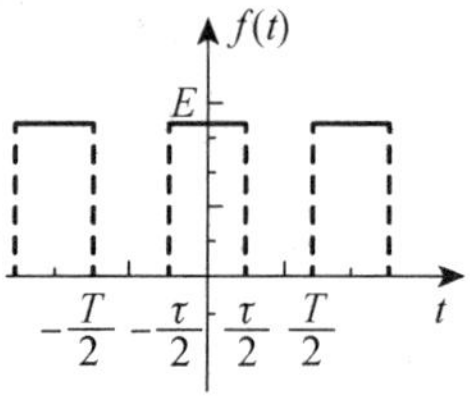

图 6-1

$$f(t)=\begin{cases}E, & |t|<\frac{\tau}{2},\\ 0, & \frac{\tau}{2}\leqslant|t|\leqslant\frac{T}{2},\end{cases}$$

试写出它的复指数形式,并作出它的频谱图.

解

$$c_0=\frac{1}{T}\int_{-\frac{T}{2}}^{\frac{T}{2}}f(t)\mathrm{d}t=\frac{2}{T}\int_0^{\frac{\tau}{2}}E\mathrm{d}t=\frac{E\tau}{T},$$

$$c_n=\frac{1}{T}\int_{-\frac{T}{2}}^{\frac{T}{2}}f(t)\mathrm{e}^{-\mathrm{j}n\omega t}\mathrm{d}t=\frac{1}{T}\int_{-\frac{\tau}{2}}^{\frac{\tau}{2}}E\mathrm{e}^{-\mathrm{j}n\omega t}\mathrm{d}t$$

$$=-\frac{E}{\mathrm{j}n\omega T}\mathrm{e}^{-\mathrm{j}n\omega t}\Big|_{-\frac{\tau}{2}}^{\frac{\tau}{2}}=-\frac{E}{\mathrm{j}n\omega T}\left(\mathrm{e}^{-\mathrm{j}n\omega\frac{\tau}{2}}-\mathrm{e}^{\mathrm{j}n\omega\frac{\tau}{2}}\right)$$

$$=\frac{2E}{n\omega T}\sin\frac{n\omega\tau}{2}=\frac{E}{n\pi}\sin\frac{n\pi\tau}{T}\ (n\neq0).$$

所以函数的复指数形式为

$$f(t)=\frac{E\tau}{T}+\frac{E}{\pi}\sum_{n=-\infty}^{+\infty}\frac{1}{n}\sin\frac{n\pi\tau}{T}\mathrm{e}^{\mathrm{j}n\omega t}\ (n\neq0).$$

它的频谱为

$$A_0 = 2 \mid c_0 \mid = \frac{2E\tau}{T},$$

$$A_n = 2 \mid c_n \mid = \frac{2E}{n\pi}\left|\sin\frac{n\pi\tau}{T}\right| \quad (n = 1, 2, \cdots).$$

为了画出它的频谱图,我们假定 $T = 4\tau$,此时有

$$A_0 = \frac{E}{2},\ A_n = \frac{2E}{n\pi}\left|\sin\frac{n\pi}{4}\right|,$$

$$\omega_n = n\omega = \frac{n\pi}{2\tau} \quad (n = 1, 2, \cdots).$$

这样,计算出来的各次谐波振幅的数值,在频谱图中直观地表示出来,如图 6-2 所示.

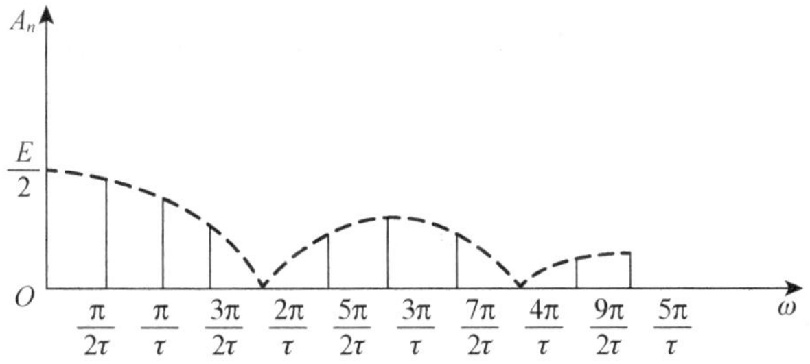

图 6-2

6.2 傅里叶变换

6.2.1 傅里叶变换的概念

我们已经知道,若函数 $f(t)$ 满足傅里叶积分定理中的条件,则在 $f(t)$ 的连续点处,便有

$$f(t) = \frac{1}{2\pi}\int_{-\infty}^{+\infty}\left[\int_{-\infty}^{+\infty} f(\tau)\mathrm{e}^{-\mathrm{j}\omega\tau}\,\mathrm{d}\tau\right]\mathrm{e}^{\mathrm{j}\omega t}\,\mathrm{d}\omega$$

成立.

从上式出发,设

$$F(\omega)=\int_{-\infty}^{+\infty} f(t)\mathrm{e}^{-\mathrm{j}\omega t}\,\mathrm{d}t, \tag{6-6}$$

则

$$f(t)=\frac{1}{2\pi}\int_{-\infty}^{+\infty} F(\omega)\mathrm{e}^{\mathrm{j}\omega t}\,\mathrm{d}\omega. \tag{6-7}$$

从上面两式可以看出,$f(t)$ 和 $F(\omega)$ 通过指定的积分运算可以相互表达.式(6-6)叫做 $f(t)$ 的**傅里叶变换式**(简称为**傅氏变换式**),可记为

$$F(\omega)=\mathcal{F}[f(t)],$$

$F(\omega)$ 叫做 $f(t)$ 的**象函数**.式(6-7)叫做 $F(\omega)$ 的**傅里叶逆变换式**,可记为

$$f(t)=\mathcal{F}^{-1}[F(\omega)],$$

$f(t)$ 叫做 $F(\omega)$ 的**象原函数**.

式(6-6)右端的积分运算,叫做取 $f(t)$ 的傅里叶变换,同样,式(6-7)右端的积分运算,叫做取 $F(\omega)$ 的傅里叶逆变换.可以说象函数 $F(\omega)$ 和象原函数 $f(t)$ 构成了一个傅里叶变换对.

在频谱分析中,$F(\omega)$ 称为 $f(t)$ 的**频谱函数**,而 $F(\omega)$ 的模 $|F(\omega)|$ 称为 $f(t)$ 的**振幅频谱**,简称**频谱**.

例 2 求指数衰减函数 $f(t)=\begin{cases}0, & t<0,\\ \mathrm{e}^{-\beta t}, & t\geqslant 0\end{cases}$ 的傅里叶变换,其中 $\beta>0$.

解 根据式(6-6),有

$$\begin{aligned}F(\omega)&=\mathcal{F}[f(t)]\\&=\int_{-\infty}^{+\infty} f(t)\mathrm{e}^{-\mathrm{j}\omega t}\,\mathrm{d}t\\&=\int_{0}^{+\infty}\mathrm{e}^{-\beta t}\mathrm{e}^{-\mathrm{j}\omega t}\,\mathrm{d}t=\int_{0}^{+\infty}\mathrm{e}^{-(\beta+\mathrm{j}\omega)t}\,\mathrm{d}t\\&=\frac{1}{\beta+\mathrm{j}\omega}=\frac{\beta-\mathrm{j}\omega}{\beta^2+\omega^2}.\end{aligned}$$

这便是指数衰减函数的傅里叶变换.

6.2.2 单位脉冲函数

单位脉冲函数是物理和工程技术中常常遇到的一类特殊函数,主要是用来描

述具有脉冲性质的量.例如,电学中,线性电路受具有脉冲性质的电势作用后所产生的电流;力学中,机械系统受冲击力作用后的运动规律等.这种具有脉冲性质的量无法用通常意义下的某类函数来表达,因此就引入了一类广义函数——狄拉克函数(记作 δ-函数),称之为单位脉冲函数.它没有普通意义下的"函数值",这里用某函数空间上的线性连续泛函来定义,它可以看作是一个弱收敛函数序列的弱极限.

定义 6.2.1(δ-函数)　对于任何一个无穷次可微的函数 $f(t)$,如果满足

$$\int_{-\infty}^{+\infty}\delta(t)f(t)\mathrm{d}t=\lim_{\varepsilon\to 0}\int_{-\infty}^{+\infty}\delta_{\varepsilon}(t)f(t)\mathrm{d}t,$$

其中,$\delta_{\varepsilon}(t)=\begin{cases}\dfrac{1}{\varepsilon}, & 0\leqslant t\leqslant\varepsilon,\\ 0, & t<0 \text{ 或 } t>\varepsilon,\end{cases}$ 则称 $\delta(t)$ 为 $\delta_{\varepsilon}(t)$ 的**弱极限**(图 6-3),即 δ-**函数**.记作 $\lim\limits_{\varepsilon\to 0}\delta_{\varepsilon}(t)=\delta(t)$.

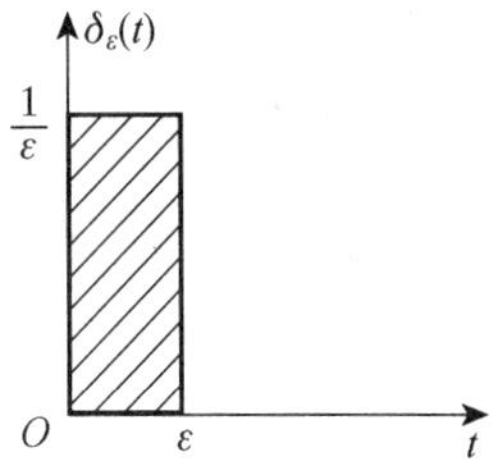

图 6-3

δ-函数的性质:

(1) $\displaystyle\int_{-\infty}^{+\infty}\delta(t)\mathrm{d}t=1$;

由于 $\displaystyle\int_{-\infty}^{+\infty}\delta(t)\mathrm{d}t=\lim_{\varepsilon\to 0}\int_{-\infty}^{+\infty}\delta_{\varepsilon}(t)\mathrm{d}t=\lim_{\varepsilon\to 0}\int_{0}^{\varepsilon}\frac{1}{\varepsilon}\mathrm{d}t=1.$

(2) **(筛选性质)**　若 $f(t)$ 为无穷次可微的函数,则有

$$\int_{-\infty}^{+\infty}\delta(t)f(t)\mathrm{d}t=f(0).$$

由于

$$\int_{-\infty}^{+\infty}\delta(t)f(t)\mathrm{d}t=\lim_{\varepsilon\to 0}\int_{-\infty}^{+\infty}\delta_{\varepsilon}(t)f(t)\mathrm{d}t=\lim_{\varepsilon\to 0}\frac{1}{\varepsilon}\int_{0}^{\varepsilon}f(t)\mathrm{d}t=f(0),$$

一般地,有

$$\int_{-\infty}^{+\infty}\delta(t-t_0)f(t)\mathrm{d}t=f(t_0).$$

(3) **(微分性质)**　若 $f(t)$ 为无穷次可微的函数,则有

$$\int_{-\infty}^{+\infty}\delta^{(n)}(t)f(t)\mathrm{d}t=(-1)^n f^{(n)}(0).$$

(4) **(奇偶性)**　δ-函数是偶函数,即 $\delta(-t)=\delta(t)$.

(5) 与单位阶跃函数的关系:

$$\int_{-\infty}^{t}\delta(\tau)\mathrm{d}\tau = u(t) = \begin{cases}0, & t<0,\\ 1, & t\geqslant 0,\end{cases}\quad \frac{\mathrm{d}}{\mathrm{d}t}u(t) = \delta(t).$$

例 3　求单位脉冲函数 $\delta(t)$ 的傅里叶变换.

解　应用筛选性质,有

$$F(\omega) = F[\delta(t)] = \int_{-\infty}^{+\infty}\delta(t)\mathrm{e}^{-\mathrm{j}\omega t}\mathrm{d}t = \mathrm{e}^{-\mathrm{j}\omega t}\Big|_{t=0} = 1.$$

因此,单位脉冲函数的傅里叶变换为 1.

由于求一个函数的傅里叶变换通常计算起来很繁琐,因此在本书末附有傅里叶变换表,以备读者查用.

例 4　求正弦函数 $f(t) = \sin\omega_0 t$ 的傅里叶变换.

解

$$\begin{aligned}F(\sin\omega_0 t) &= F\left(\frac{\mathrm{e}^{\mathrm{j}\omega_0 t} - \mathrm{e}^{-\mathrm{j}\omega_0 t}}{2\mathrm{j}}\right) = \frac{1}{2\mathrm{j}}[F(\mathrm{e}^{\mathrm{j}\omega_0 t}) - F(\mathrm{e}^{-\mathrm{j}\omega_0 t})]\\ &= \frac{1}{2\mathrm{j}}[2\pi\delta(\omega-\omega_0) - 2\pi\delta(\omega+\omega_0)]\\ &= \mathrm{j}\pi[\delta(\omega+\omega_0) - \delta(\omega-\omega_0)].\end{aligned}$$

例 5　作指数衰减函数

$$f(t) = \begin{cases}0, & t<0,\\ \mathrm{e}^{-\beta t}, & t\geqslant 0\end{cases}$$ 的频谱图,其中 $\beta > 0$.

解　由例 2 的结果可得,$f(t)$ 的频谱函数

$$F(\omega) = \frac{1}{\beta + \mathrm{j}\omega},$$

所以

$$|F(\omega)| = \frac{1}{\sqrt{\beta^2+\omega^2}}.$$

频谱图形如图 6-4 所示.

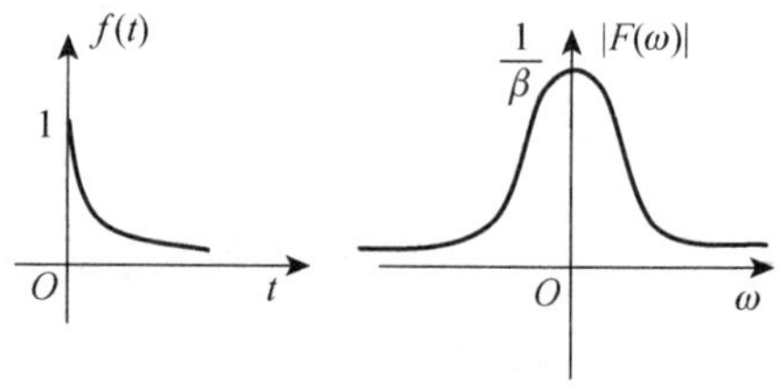

图 6-4

例 6　作单位脉冲函数 $\delta(t)$ 的频谱图.

解　由例 2 可知,$\delta(t)$ 的振幅频谱 $F(\omega) = 1$.

所以 $|F(\omega)| = 1$.

它的频谱图如图 6-5 所示.

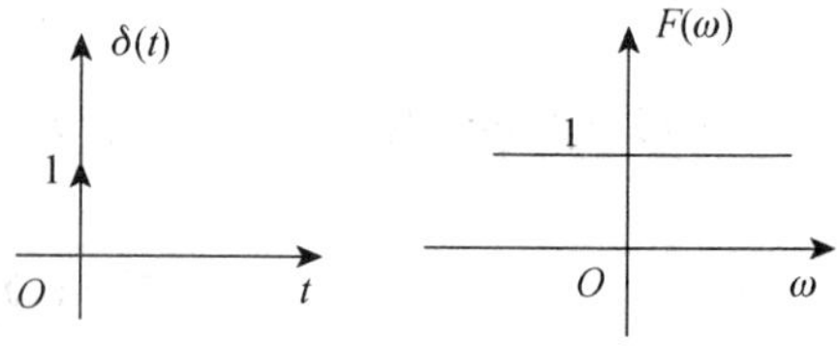

图 6-5

6.2.3 傅里叶变换的性质

下面介绍傅里叶变换的性质，为了叙述方便起见，凡是需要求傅里叶变换的函数均满足傅里叶积分定理中的条件，不再重述.

1. 线性性质

设 $F_1(\omega)=F[f_1(t)]$，$F_2(\omega)=F[f_2(t)]$，α，β 是常数，则

$$F[\alpha f_1(t)+\beta f_2(t)]=\alpha F_1(\omega)+\beta F_2(\omega).$$

同样，傅里叶逆变换亦具有类似的线性性质，即

$$F^{-1}[\alpha F_1(\omega)+\beta F_2(\omega)]=\alpha f_1(t)+\beta f_2(t).$$

2. 位移性质

$$F[f(t\pm t_0)]=\mathrm{e}^{\pm \mathrm{j}\omega t_0}F[f(t)].$$

它表明时间函数 $f(t)$ 沿 t 轴向左或向右位移 t_0 的傅里叶变换等于 $f(t)$ 的傅里叶变换乘以因子 $\mathrm{e}^{\mathrm{j}\omega t_0}$ 或 $\mathrm{e}^{-\mathrm{j}\omega t_0}$.

同样，傅里叶逆变换亦具有类似的位移性质，

$$F^{-1}[F(\omega\mp\omega_0)]=\mathrm{e}^{\pm \mathrm{j}\omega_0 t}f(t).$$

它表明频谱函数 $F(\omega)$ 沿 ω 轴向右或向左位移 ω_0 的傅里叶逆变换等于原来的函数 $f(t)$ 乘以因子 $\mathrm{e}^{\mathrm{j}\omega_0 t}$ 或 $\mathrm{e}^{-\mathrm{j}\omega_0 t}$.

3. 微分性质

如果 $f(t)$ 在 $(-\infty,+\infty)$ 上连续或只有有限个可去间断点，且当 $|t|\to\infty$ 时，$f(t)\to 0$，则 $F[f'(t)]=\mathrm{j}\omega F[f(t)]$，$\dfrac{\mathrm{d}}{\mathrm{d}\omega}F[f(t)]=F[-\mathrm{j}tf(t)]$.

它表明一个函数的导数的傅里叶变换等于这个函数的傅里叶变换乘以因子 $\mathrm{j}\omega$.

推论 6.2.1 若 $f^{(k)}(t)$ $(k=1,2,\cdots,n)$ 在 $(-\infty,+\infty)$ 上连续或只有有限个可去间断点，且当 $\lim\limits_{|t|\to+\infty}f^{(k)}(t)=0$，有

$$F[f^{(n)}(t)]=(\mathrm{j}\omega)^nF[f(t)],$$

$$\frac{\mathrm{d}^n}{\mathrm{d}\omega^n}F[f(t)]=F[(-\mathrm{j}t)^nf(t)].$$

4. 积分性质

如果当 $t\to+\infty$ 时，$g(t)=\int_{-\infty}^{t}f(t)\mathrm{d}t\to 0$，则

$$F\left[\int_{-\infty}^{t} f(t)\mathrm{d}t\right] = \frac{1}{\mathrm{j}\omega}F[f(t)].$$

它表明一个函数积分后的傅里叶变换等于这个函数的傅里叶变换除以因子 $\mathrm{j}\omega$.

运用傅里叶变换的线性性质、微分性质以及积分性质,可以把线性常系数微分方程转化为代数方程,通过解代数方程与求傅里叶逆变换,就可以得到此微分方程的解.

常用函数的傅里叶变换:

(1) $F[\delta(t)] = 1$;

(2) $F[1] = 2\pi\delta(\omega)$;

(3) $F[\sin\omega_0 t] = \mathrm{j}\pi[\delta(\omega+\omega_0) - \delta(\omega-\omega_0)]$;

(4) $F[\cos\omega_0 t] = \pi[\delta(\omega+\omega_0) + \delta(\omega-\omega_0)]$;

(5) $F[\mathrm{e}^{\mathrm{j}\omega_0 t}] = 2\pi\delta(\omega-\omega_0)$;

(6) 设 $u(t)$ 是单位阶跃函数,则 $F[u(t)] = \dfrac{1}{\mathrm{j}\omega} + \pi\delta(\omega)$.

6.2.4 卷积定理

定义 6.2.2 设函数 $f_1(t)$ 与 $f_2(t)$ 在 $(-\infty, +\infty)$ 上有定义. 若广义积分 $\int_{-\infty}^{+\infty} f_1(\tau)f_2(t-\tau)\mathrm{d}\tau$ 对任何实数 t 都收敛,则称它为函数 $f_1(t)$ 与 $f_2(t)$ 的**卷积**,记为

$$f_1(t) * f_2(t) = \int_{-\infty}^{+\infty} f_1(\tau)f_2(t-\tau)\mathrm{d}\tau.$$

注意 $f_1(t) * f_2(t)$ 是关于 t 的函数,当 $f_1(t)$ 与 $f_2(t)$ 是分段函数时,被积函数 $f_1(\tau)f_2(t-\tau)$ 可能在积分变量 τ 轴的部分区间上为零(随着 t 的变化,这个区间会有不同的形式). 因此,积分只需在使 $f_1(\tau)f_2(t-\tau) \neq 0$ 所对应的 τ 区间上积分.

定理 6.2.1 设 $F[f_1(t)] = F_1(\omega)$, $F[f_2(t)] = F_2(\omega)$,

则有
$$F[f_1(t) * f_2(t)] = F_1(\omega) \cdot F_2(\omega)$$

或
$$F^{-1}[F_1(\omega) \cdot F_2(\omega)] = f_1(t) * f_2(t).$$

同理可得
$$F[f_1(t) \cdot f_2(t)] = \frac{1}{2\pi}F_1(\omega) * F_2(\omega).$$

从上面可以看出,卷积并不总是容易计算的,但卷积定理提供了卷积计算的简便方法,即化卷积运算为乘积运算. 这是一种特别有用的方法.

例 7　设函数

$$f_1(t)=\begin{cases}0, & t<0,\\ 1, & t\geqslant 0;\end{cases}\quad f_2(t)=\begin{cases}0, & t<0,\\ e^{-t}, & t\geqslant 0.\end{cases}$$

求 $f_1(t)*f_2(t)$.

解

$$f_1(\tau)f_2(t-\tau)=\begin{cases}0, & \tau<0,\\ e^{-(t-\tau)}, & t-\tau\geqslant 0,\end{cases}$$

在平面 $tO\tau$ 上使 $f_1(\tau)f_2(t-\tau)\neq 0$ 的区域为 $D:\tau>0,\ t-\tau\geqslant 0$.

(1) 当 $t<0$ 时,$f_1(t)*f_2(t)=0$;

(2) 当 $t\geqslant 0$ 时,$f_1(t)*f_2(t)=\int_0^t e^{-(t-\tau)}\mathrm{d}\tau=1-e^{-t}$.

6.3　傅里叶变换的应用

运用傅里叶变换的线性性质、微分性质以及积分性质,对欲求解的常系数微分方程(包括积分方程和微积分方程)的两端取傅里叶变换,可将其转化为象函数的代数方程,通过解代数方程求出象函数,然后再取傅里叶逆变换,就可得到原来微分、积分方程的解(图 6-6).

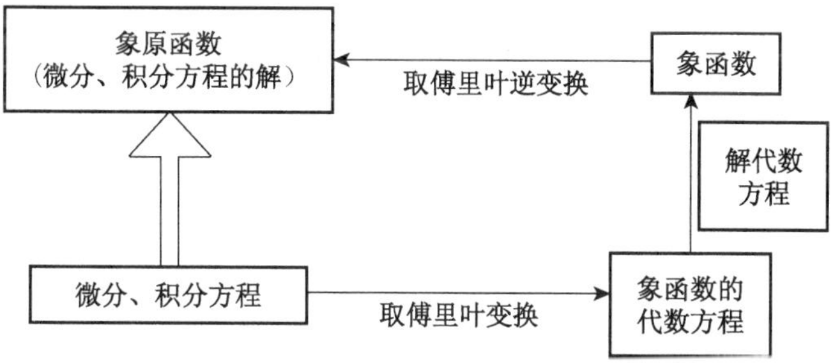

图 6-6

例 1　求微分方程 $x'(t)+2x(t)=e^{-t}$ 的解.

解　设 $F[x(t)]=X(\omega)$,由傅里叶变换的性质和微分性质,两边取傅里叶变换,得

$$\mathrm{j}\omega X(\omega)+2X(\omega)=\frac{1}{1+\mathrm{j}\omega},$$

则

$$X(\omega)=\frac{1}{(1+\mathrm{j}\omega)(2+\mathrm{j}\omega)}=\frac{1}{(1+\mathrm{j}\omega)}-\frac{1}{(2+\mathrm{j}\omega)},$$

两边再取傅里叶逆变换，得

$$x(t)=F^{-1}[X(\omega)]=\mathrm{e}^{-t}-\mathrm{e}^{-2t}.$$

例 2　求微分方程 $y''(t)-y(t)=-t\ (t>0)$ 的解.

解　设 $F[y(t)]=Y(\omega)$，两边取傅里叶变换，得

$$(\mathrm{j}\omega)^2Y(\omega)-Y(\omega)=-2\pi\mathrm{j}\delta'(\omega),$$

则

$$Y(\omega)=\frac{2\pi\mathrm{j}\delta'(\omega)}{(1+\omega^2)}.$$

两边再取傅里叶逆变换，由卷积定理得

$$y(t)=F^{-1}[Y(\omega)]=F^{-1}\left[\frac{1}{1+\omega^2}\cdot 2\pi\mathrm{j}\delta'(\omega)\right]$$
$$=\frac{1}{2}\mathrm{e}^{-|t|}*t=\frac{1}{2}\int_{-\infty}^{+\infty}\tau\mathrm{e}^{-|t-\tau|}\,\mathrm{d}\tau.$$

本 章 小 结

本章首先讨论了周期函数的傅里叶级数的展开式，非周期函数的傅里叶积分公式及其收敛定理，以及频谱与频谱图．其次，介绍了傅里叶变换及其逆变换的定义、性质和卷积，还有一些计算公式，最后介绍了傅里叶变换的某些应用．重点是求函数的傅里叶变换及傅里叶变换的某些应用，应掌握好傅里叶变换的基本性质及一些常用函数(如单位脉冲函数，单位阶跃函数，正、余弦函数等)的傅里叶变换及其逆变换的求法．能较好地运用傅里叶变换进行频谱分析，解决某些微分方程和偏微分方程的定解问题．

需注意以下几个方面：

(1) 了解傅里叶积分公式和傅里叶积分定理；比较傅里叶积分与傅里叶级数的联系与区别．傅里叶积分是对傅里叶级数的推广．傅里叶级数是针对周期函数而言的，而傅里叶积分是针对非周期函数而言的．

(2) 理解傅里叶变换的概念实质及其与频谱概念之间的密切关系，熟悉工程上常用函数的傅里叶变换对(例如，指数衰减函数，单位脉冲函数，单位阶跃函数，正、余弦函数等)；了解

单位脉冲函数的定义与性质(特别是筛选性质).

(3) 了解并熟练运用傅里叶变换的性质,理解卷积的概念与卷积定理.

(4) 掌握傅里叶变换在求解(偏)微分方程中的应用方法.

习 题 6

1. 求函数 $f(t)=\dfrac{1}{2}\left[\delta(t+a)+\delta(t-a)+\delta\left(t+\dfrac{a}{2}\right)+\delta\left(t-\dfrac{a}{2}\right)\right]$的傅里叶变换.

2. 求矩形脉冲函数 $f(t)=\begin{cases}A, & 0\leqslant t\leqslant\tau,\\ 0, & \text{其他}\end{cases}$ 的傅里叶变换.

3. 求函数 $f(t)=e^{j\omega_0 t}$ 的傅里叶变换.

4. 设 $F(\omega)$ 是函数 $f(t)$ 的傅里叶变换,证明 $F(\omega)$ 与 $f(t)$ 有相同的奇偶性.

5. 求函数(1)的傅里叶变换,并证明式(2)的积分结果:

(1) $f(t)=\begin{cases}\cos t, & |t|\leqslant\pi,\\ 0, & |t|>\pi;\end{cases}$

(2) $\displaystyle\int_0^{+\infty}\frac{\omega\sin\omega\pi\cos\omega t}{1-\omega^2}d\omega=\begin{cases}\dfrac{\pi}{2}\cos t, & |t|\leqslant\pi,\\ 0, & |t|>\pi.\end{cases}$

6. 求函数 $f(t)=\cos t\sin t$ 的傅里叶变换.

7. 求函数 $f(t)=u(t)\sin\omega_0 t$ 的傅里叶变换.

复习题 6

1. 填空题.

(1) 设 $F[f(t)]=F(\omega)$,则 $F[f(1-t)]=$ ________.

(2) 设 $F[f(t)]=\dfrac{1}{a+j\omega}\ (a>0)$,则 $f(t)=$ ________.

(3) 设 $f(t)=\begin{cases}0, & t<0,\\ e^{-4t}, & t\geqslant 0,\end{cases}$ 则 $F[f(t)]=$ ________.

(4) 设 $f(t)=\begin{cases}0, & t<0,\\ e^{-t}\sin 2t, & t\geqslant 0,\end{cases}$ 则 $F[f(t)]=$ ________.

(5) 设 $F[f(t)]=F(\omega)$,则 $F[f(t)\cos(\omega_0 t)]=$ ________.

(6) 设 $F(\omega)=2\cos(3\omega)$,则 $F^{-1}[F(\omega)]=$ ________.

2. 选择题.

(1) 设 $f(t)=\sin(\omega_0 t)$,则其傅里叶变换 $F[f(t)]=($　　$)$.

(A) $\delta(\omega+\omega_0)-\delta(\omega-\omega_0)$

(B) $\mathrm{j}\pi[\delta(\omega+\omega_0)-\delta(\omega-\omega_0)]$

(C) $\mathrm{j}\pi[\delta(\omega+\omega_0)+\delta(\omega-\omega_0)]$

(D) $\pi[\delta(\omega+\omega_0)-\delta(\omega-\omega_0)]$

(2) $\delta(t-t_0)$ 的傅里叶变换 $F[\delta(t-t_0)]=$(　　).

(A) 1　　(B) t_0

(C) $\mathrm{e}^{-\mathrm{j}\omega t_0}$　　(D) $\mathrm{e}^{\mathrm{j}\omega t_0}$

(3) $\cos 8t$ 的傅里叶变换为(　　).

(A) $\pi[\delta(\omega+8)+\delta(\omega-8)]$

(B) $\mathrm{j}\pi[\delta(\omega+8)-\delta(\omega-8)]$

(C) $\pi[\delta(\omega+8)-\delta(\omega-8)]$

(D) $\mathrm{j}\pi[\delta(\omega+8)+\delta(\omega-8)]$

(4) $\mathrm{e}^{\mathrm{j}\omega_0 t}$ 的傅里叶变换为(　　).

(A) 1　　(B) $2\pi\delta(\omega)$

(C) $2\pi\delta(\omega-\omega_0)$　　(D) $2\pi\delta(\omega+\omega_0)$

(5) 1 的傅里叶变换为(　　).

(A) 1　　(B) $\delta(\omega)$

(C) $\pi\delta(\omega)$　　(D) $2\pi\delta(\omega)$

(6) 设 $F(\omega)=2\pi\delta(\omega-\omega_0)$,则 $F^{-1}[F(\omega)]=$(　　).

(A) 1　　(B) $\delta(t-t_0)$

(C) $\mathrm{e}^{\mathrm{j}\omega_0 t}$　　(D) $\mathrm{e}^{-\mathrm{j}\omega_0 t}$

(7) 设 $u(t)$ 为单位阶跃函数,则 $u(t)$ 的傅里叶变换为(　　).

(A) $\dfrac{1}{\mathrm{j}\omega}$　　(B) $\dfrac{1}{\mathrm{j}\omega}+\delta(\omega)$

(C) $\dfrac{1}{\mathrm{j}\omega}+\pi\delta(\omega)$　　(D) $\dfrac{1}{\mathrm{j}\omega}+2\pi\delta(\omega)$

(8) 下列傅里叶变换中,不正确的是(　　).

(A) $F[u(t)]=\dfrac{1}{\mathrm{j}\omega}+\pi\delta(\omega)$　　(B) $F[\delta(t)]=1$

(C) $F^{-1}[2\pi\delta(\omega)]=1$　　(D) $F^{-1}[\cos(\omega_0 t)]=\delta(\omega+\omega_0)+\delta(\omega-\omega_0)$

3. 求函数 $f(t)=\sin\omega_0 t$ 的傅里叶变换.

4. 求函数 $f(t)=\begin{cases}1, & |t|\leqslant 1,\\ 0, & |t|>1\end{cases}$ 的傅里叶变换.

5. 求函数 $f(t)=u(t)\cos\omega_0 t$ 的傅里叶变换.

6. 求函数(1) 的傅里叶变换,并证明式(2) 的积分结果:

(1) $f(t)=\begin{cases}\alpha e^{-\beta t}, & t>0,\\ 0, & t<0\end{cases}(\alpha>0,\beta>0)$;

(2) $\int_0^{+\infty}\frac{\beta\cos\omega t+\omega\sin\omega t}{\beta^2+\omega^2}d\omega=\begin{cases}\pi e^{-\beta t}, & t>0,\\ \frac{\pi}{2}, & t=0,\\ 0, & t<0.\end{cases}$

7. 求函数 $f(t)=\sin\left(5t+\frac{\pi}{3}\right)$ 的傅里叶变换.

8. 若 $F(\omega)=F[f(t)]$,证明:$F^{-1}[F(\omega\mp\omega_0)]=e^{\pm j\omega_0 t}f(t)$,即 $F(\omega\mp\omega_0)=F[e^{\pm j\omega_0 t}f(t)]$.

9. 若 $F(\omega)=F[f(t)]$,证明(翻转性质):$F(-\omega)=F[f(-t)]$.

10. 若 $F(\omega)=F[f(t)]$,证明:

(1) $F[f(t)\cos\omega_0 t]=\frac{1}{2}[F(\omega-\omega_0)+F(\omega+\omega_0)]$;

(2) $F[f(t)\sin\omega_0 t]=\frac{1}{2j}[F(\omega-\omega_0)-F(\omega+\omega_0)]$.

11. 求函数 $f(t)=e^{j\omega_0 t}u(t)$ 的傅里叶变换.

12. 已知某函数的傅里叶变换为 $F(\omega)=\pi[\delta(\omega+\omega_0)+\delta(\omega-\omega_0)]$,求该函数 $f(t)$.

13. 求微分方程 $x'(t)+x(t)=\delta(t)\ (-\infty<t<+\infty)$ 的解.

上机演练与实验

实验5　傅里叶变换及其逆变换

(1) 实验类型:验证性.

(2) 实验类别:基础实验.

(3) 实验学时数:2学时.

(4) 实验目的:

① 熟悉 MATLAB 基本命令与操作;

② 掌握 MATLAB 求傅里叶变换及其逆变换.

(5) 实验内容:

1. 傅里叶积分变换

F = fourier(f)　返回以默认独立变量 x 的数量符号 f 的傅里叶变换,默认返回 w 的函数.

如果 f = f(w),则 fourier 函数返回 t 的函数 F = F(t).定义

F(w) = int(f(x) * exp((- i * w * x), x, - inf, inf) 为对 x 的积分.

F = fourier(f, v)　以 v 代替默认变量 w 的傅里叶变换. 且 fourier(f, v) 等价于

F(v) = int(f(x) * exp((- i * v * x), x, - inf, inf).

Fourier(f, u, v)　以 v 代替 x 且对 u 积分, 且有 fourier(f, u, v) 等价于

F(v) = int(f(u) * exp((- i * v * u), u, - inf, inf).

例 1　求函数 $f(t)=\dfrac{1}{t}$ 的傅里叶变换.

【MATLAB 源程序】

```
>> syms t v w x
fourier(1/t)
ans =
pi * (2 * heaviside(- w) - 1) * i
```

例 2　求函数 $f(t)=\mathrm{e}^{-x^2}$ 的傅里叶变换.

【MATLAB 源程序】

```
>> fourier(exp(- x^2), x, t)
ans =
pi^(1/2) * exp(- t^2/4)
```

2. 傅里叶逆变换

f = ifourier(F) 返回默认独立变量 w 的符号表达式 F 的傅里叶逆变换, 默认返回 x 的函数. 傅里叶逆变换应用于返回 x 的函数, 即由 F = F(w) 推出 f = f(x). 如果 F = F(x), 则 ifourier 函数返回 t 的函数 f = f(t). 定义

f(x) = 1/(2 * pi) * int(F(w) * exp(i * w * x), w, - inf, inf)) 对 w 积分.

f = ifourier(F, u)　以变量 u 代替 x, 且有 ifourier(F, u) 等价于

f(u) = 1/(2 * pi) * int(F(w) * exp(i * w * u), w, - inf, inf)) 对 w 积分.

f = ifourier(F, v, u)　以 v 代替 w 的傅里叶逆变换, 且有 ifourier(F, v, u) 等价于 f(u) = 1/(2 * pi) * int(F(v) * exp(i * v * u, v, - inf, inf)) 对 v 积分.

例 3　求函数 $f(w)=\dfrac{1}{1+w^2}$ 的傅里叶逆变换.

【MATLAB 源程序】

```
>> ifourier(1/(1 + w ^ 2), u)
ans =
(pi * exp(- u) * heaviside(u) + pi * heaviside(- u) * exp(u))/(2 * pi)
```

例 4 求函数 $f(w)=\cos(w)+\cos\left(\dfrac{w}{2}\right)$的傅里叶逆变换.

【MATLAB 源程序】

```
>> ifourier(cos(w) + cos(w/2), t)
ans =
(pi * (dirac(t - 1) + dirac(t + 1)) + pi * (dirac(t - 1/2) + dirac(t + 1/2)))/(2 * pi)
```

第 7 章　拉普拉斯变换

第 6 章介绍的傅里叶变换在许多领域中发挥着重要的作用，尤其在信号处理领域．但是它有一定的局限性，例如，能够进行傅里叶变换的函数 $f(t)$ 必须在 $(-\infty, +\infty)$ 上有定义，但在物理、无线电技术等众多实际问题中，许多以时间 t 为自变量的函数在 $t<0$ 时无意义或者不需要考虑，这样的函数便不能进行傅里叶变换．而拉普拉斯变换刚好能克服上述不足，并且它对原函数的要求比傅里叶变换要弱得多．

本章将简要地介绍拉普拉斯变换的基本概念，研究其基本性质、卷积以及拉普拉斯逆变换的求法，最后介绍拉普拉斯变换的一些简单应用．

7.1　拉普拉斯变换的基本概念和性质

7.1.1　拉普拉斯变换的概念

1．拉普拉斯变换的定义

定义 7.1.1　设函数 $f(t)$，当 $t\geqslant 0$ 时有定义，若广义积分

$$\int_0^{+\infty} f(t)\mathrm{e}^{-st}\,\mathrm{d}t$$

在 s 的某个区域内收敛，则此积分就确定了一个以参数 s 为自变量的函数，记作 $F(s)$，即

$$F(s)=\int_0^{+\infty} f(t)\mathrm{e}^{-st}\,\mathrm{d}t. \tag{7-1}$$

称式(7-1)为函数 $f(t)$ 的**拉普拉斯变换式**，记作

$$F(s)=L[f(t)].$$

$F(s)$称为 $f(t)$的**拉普拉斯变换**(或称为象函数),$f(t)$称为 $F(s)$的**拉普拉斯逆变换**(或称为象原函数),记作

$$f(t)=L^{-1}[F(s)].$$

注意　拉普拉斯变换定义中,只要求 $f(t)$在 $t\geqslant 0$ 时有定义,因 t 经常表示时间,故为研究方便,今后总假定当 $t<0$ 时 $f(t)=0$.

2. 一些常用函数的拉普拉斯变换

下面用拉普拉斯变换的定义推导一些常用函数的拉普拉斯变换.

例 1　求单位阶跃函数

$$u(t)=\begin{cases}1, & t\geqslant 0,\\ 0, & t<0\end{cases}$$

的拉普拉斯变换.

解　根据拉普拉斯变换的定义,有

$$L[u(t)]=\int_0^{+\infty}u(t)\mathrm{e}^{-st}\,\mathrm{d}t=\int_0^{+\infty}\mathrm{e}^{-st}\,\mathrm{d}t,$$

这个积分在 $\mathrm{Re}(s)>0$ 时收敛,而且有

$$\int_0^{+\infty}\mathrm{e}^{-st}\,\mathrm{d}t=-\frac{1}{s}\mathrm{e}^{-st}\Big|_0^{+\infty}=\frac{1}{s},$$

所以

$$L[u(t)]=\frac{1}{s}\ (\mathrm{Re}(s)>0).$$

例 2　求指数函数 $f(t)=\mathrm{e}^{at}\,(t\geqslant 0)$的拉普拉斯变换($a$ 为实数).

解　根据拉普拉斯变换的定义,有

$$L[f(t)]=\int_0^{+\infty}\mathrm{e}^{at}\cdot\mathrm{e}^{-st}\,\mathrm{d}t=\int_0^{+\infty}\mathrm{e}^{-(s-a)t}\,\mathrm{d}t,$$

这个积分在 $\mathrm{Re}(s)>a$ 时收敛,而且有

$$\int_0^{+\infty}\mathrm{e}^{-(s-a)t}\,\mathrm{d}t=\left[-\frac{1}{s-a}\mathrm{e}^{-(s-a)t}\right]_0^{+\infty}=\frac{1}{s-a},$$

所以

$$L[e^{at}] = \frac{1}{s-a}\ (\mathrm{Re}(s) > a).$$

7.1.2 拉普拉斯变换的存在定理

从上面的几个例题可知,拉普拉斯变换存在的条件比傅里叶变换存在的条件弱,但是一个函数存在拉普拉斯变换仍然需要满足一定的条件. 这些条件就如以下定理所述.

定理 7.1.1(拉普拉斯变换存在定理) 若函数 $f(t)$满足下列条件:

(1) 在 $t \geqslant 0$ 的任一有限区间上连续或分段连续;

(2) 当 $t \to +\infty$时,$f(t)$的增长速度不超过某一指数函数,亦即存在常数 $N>0$ 及 $c \geqslant 0$,使得$|f(t)| \leqslant Ne^{ct}$, $0 \leqslant t < +\infty$成立(满足此条件的函数,称它的增大是指数级的,c 为它的增长指数),则

$f(t)$的拉普拉斯变换 $F(s) = \int_0^{+\infty} f(t)e^{-st}\,dt$ 在半平面 $\mathrm{Re}(s) > c$ 上一定存在,右端的积分在 $\mathrm{Re}(s) \geqslant c_1 > c$ 上绝对收敛而且一致收敛,并且在$\mathrm{Re}(s) > c$ 的半平面内,$F(s)$为解析函数.

证明略.

物理学和工程技术中常见的函数大都满足这两个条件,而且一个函数的增大是指数级的,与函数绝对可积相比,显然前者的条件要弱的多. 如 $u(t)$, t^m, $\cos kt$ 等函数都不满足傅里叶积分中绝对可积的条件,但它们都满足拉普拉斯变换存在定理中的条件(2):

$$|u(t)| \leqslant 1 \cdot e^{0t},\ 此处\ N = 1,\ c = 0;$$

$$|\cos kt| \leqslant 1 \cdot e^{0t},\ 此处\ N = 1,\ c = 0;$$

$$|t^m| \leqslant e^{t},\ 此处\ N = 1,\ c = 1\ (当\ t \to +\infty\ 时).$$

由此可见,拉普拉斯变换的应用更加的广泛. 同时,拉普拉斯变换存在定理的条件是充分的,而不是必要的. 也就是说若不满足存在定理的条件,拉普拉斯变换仍可能存在. 比如,对于$f(t)=t^m$,当 $m>-1$ 时,其拉普拉斯变换是存在的. 但当 $m=-\frac{1}{2}$时,$f(t)=\frac{1}{\sqrt{t}}$却不满足存在定理条件中的条件(1),因为这时 $f(t)$在 $t=0$ 时为无穷大,不满足在 $t \geqslant 0$ 的任一有限区间上连续或分段连续的要求.

7.1.3　拉普拉斯变换的性质

拉普拉斯变换有以下几个主要的性质，利用这些性质，可以求出一些较为复杂函数的拉普拉斯变换．

性质 1（线性性质）　若 a_1，a_2 为任意常数，且 $L[f_1(t)]=F_1(s)$，$L[f_2(t)]=F_2(s)$，则

$$L[a_1f_1(t)+a_2f_2(t)]=a_1L[f_1(t)]+a_2L[f_2(t)].$$

即函数线性组合的拉普拉斯变换等于各个函数拉普拉斯变换的线性组合，此性质对有限多个函数也成立．

例 3　求函数 $f(t)=\sin\omega t$ 的拉普拉斯变换．

解

$$f(t)=\sin\omega t=\frac{1}{2\mathrm{i}}(\mathrm{e}^{\mathrm{i}\omega t}-\mathrm{e}^{-\mathrm{i}\omega t}),$$

$$L[\mathrm{e}^{\mathrm{i}\omega t}]=\frac{1}{s-\mathrm{i}\omega},$$

$$L[\mathrm{e}^{-\mathrm{i}\omega t}]=\frac{1}{s+\mathrm{i}\omega},$$

由线性性质得

$$L[\sin\omega t]=\frac{1}{2\mathrm{i}}\left(\frac{1}{s-\mathrm{i}\omega}-\frac{1}{s+\mathrm{i}\omega}\right)=\frac{\omega}{s^2+\omega^2}.$$

同理可以求得

$$L[\cos\omega t]=\frac{s}{s^2+\omega^2}.$$

例 4　求函数 $f(t)=2-3\mathrm{e}^{2t}+\cos t$ 的拉普拉斯变换．

解

$$\begin{aligned}L[2-3\mathrm{e}^{2t}+\cos t]&=2L[1]-3L[\mathrm{e}^{2t}]+L[\cos t]\\&=\frac{2}{s}-\frac{3}{s-2}+\frac{s}{s^2+1}.\end{aligned}$$

性质 2（位移性质）　若 $L[f(t)]=F(s)$，则有 $L[\mathrm{e}^{at}f(t)]=F(s-a)$（$a$ 是常数）．

证明　根据拉普拉斯变换的定义有

$$\begin{aligned}L[\mathrm{e}^{at}f(t)]&=\int_0^{+\infty}\mathrm{e}^{at}f(t)\cdot\mathrm{e}^{-st}\,\mathrm{d}t=\int_0^{+\infty}f(t)\mathrm{e}^{-(s-a)t}\,\mathrm{d}t\\&=F(s-a).\end{aligned}$$

这个性质表明,象原函数乘以指数函数 e^{at} 的拉普拉斯变换等于其象函数 $F(s)$ 作平移 a.

例 5 求 $L[e^{-at}\sin\omega t]$.

解
$$L[\sin\omega t]=\frac{\omega}{s^2+\omega^2},$$
由位移性质可得
$$L[e^{-at}\sin\omega t]=\frac{\omega}{(s+a)^2+\omega^2}.$$

性质 3(延迟性质) 若 $L[f(t)]=F(s)$,当 $t<0$ 时, $f(t)=0$,则对任一非负实数 a,有
$$L[f(t-a)]=e^{-as}F(s)\ (a\geqslant 0).$$

证明 根据定义有
$$\begin{aligned}L[f(t-a)]&=\int_0^{+\infty}f(t-a)\cdot e^{-st}\,dt\\&=\int_a^{+\infty}f(t-a)\cdot e^{-st}\,dt,\end{aligned}$$
令 $t_1=t-a$,有
$$L[f(t-a)]=\int_0^{+\infty}f(t_1)\cdot e^{-s(t_1+a)}\,dt_1=e^{-sa}F(s).$$

必须注意的是本性质中对 $f(t)$ 的要求,即当 $t<0$ 时, $f(t)=0$. 此时, $f(t-a)$ 在 $t<a$ 时为零.

这个性质表明时间函数 $f(t)$ 延迟时间 a 的拉普拉斯变换等于它的象函数 $F(s)$ 乘以指数函数因子 e^{-as}.

例 6 求 $L[2u(t-1)+3u(t-2)]$.

解 $L[u(t)]=\dfrac{1}{s}$,则由延迟性质可得
$$L[2u(t-1)+3u(t-2)]=\frac{2}{s}e^{-s}+\frac{3}{s}e^{-2s}.$$
下面利用上述性质求一些常见分段函数的拉普拉斯变换.

例 7 求函数 $u(t-\tau)=\begin{cases}1, & t\geqslant\tau,\\0, & t<\tau\end{cases}$ 的拉普拉斯变换.

解　由延迟性质及例 1 的结果,可得

$$L[u(t-\tau)]=\frac{1}{s}e^{-\tau s}.$$

例 8　求如图 7-1 所示的阶梯函数 $f(t)$的拉普拉斯变换.

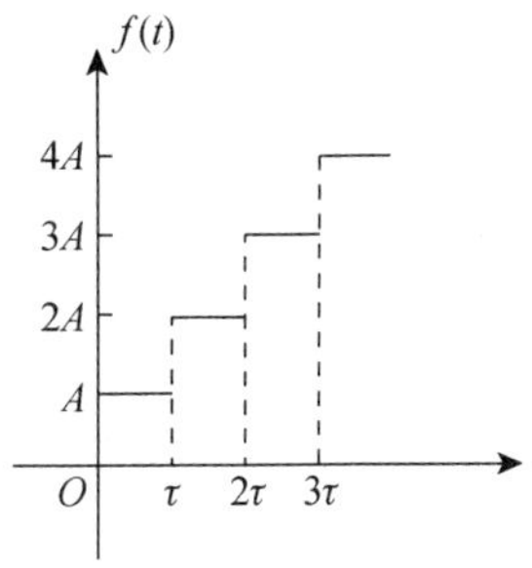

图 7-1

解　利用单位阶跃函数,可将这个阶梯函数表示为

$$f(t)=A[u(t)+u(t-\tau)+u(t-2\tau)+\cdots],$$

上式两端取拉普拉斯变换,并根据拉普拉斯变换的线性性质及平移性质,得

$$\begin{aligned}L[f(t)]&=A\left(\frac{1}{s}+\frac{1}{s}e^{-\tau s}+\frac{1}{s}e^{-2\tau s}+\cdots\right)\\&=\frac{A}{s}(1+e^{-\tau s}+e^{-2\tau s}+\cdots),\end{aligned}$$

当 $s>0$ 时,有 $\left|e^{-\tau s}\right|<1$,所以,上式右端的等比数列收敛,其和为 $\frac{1}{1-e^{-\tau s}}$,从而

$$L[f(t)]=\frac{A}{s}\cdot\frac{1}{1-e^{-\tau s}},\ s>0.$$

更一般地有,若

$$f(t)=\begin{cases}C_1, & 0\leqslant t<a_1,\\ C_2, & a_1\leqslant t<a_2,\\ \vdots & \vdots\\ C_n, & a_{n-1}\leqslant t.\end{cases}$$

其中 $0<a_1<a_2<\cdots<a_{n-1}$, c_i 为常数($i=1, 2, 3, \cdots, n$),则 $f(t)$可用单位阶跃函数表示成

$$\begin{aligned}f(t)=&C_1u(t)+(C_2-C_1)u(t-a_1)+(C_3-C_2)u(t-a_2)+\cdots\\&+(C_n-C_{n-1})u(t-a_{n-1}),\end{aligned}$$

它的拉普拉斯变换可以根据拉普拉斯变换的线性性质和平移性质很容易求出.

性质 4(微分性质)　若 $L[f(t)]=F(s)$,则有 $L[f'(t)]=sF(s)-f(0)$.

证明　根据拉普拉斯变换的定义及分部积分法,可得

$$L[f'(t)]=\int_0^{+\infty}f'(t)\cdot e^{-st}dt=\int_0^{+\infty}e^{-st}df(t)$$

$$=[f(t)e^{-st}]_0^{+\infty}+s\int_0^{+\infty}f(t)\cdot e^{-st}dt$$

$$=0-f(0)+sL[f(t)]=sF(s)-f(0).$$

即一个函数求导后取拉普拉斯变换等于这个函数的拉普拉斯变换乘以参数 s，再减去函数的初值.

应用上述结果，在适当条件下，可以推出

$$L[f''(t)]=sL[f'(t)]-f'(0)=s\{sL[f(t)]-f(0)\}-f'(0)$$

$$=s^2L[f(t)]-sf(0)-f'(0).$$

同理

$$L[f'''(t)]=s^3F(s)-s^2f(0)-sf'(0)-f''(0).$$

以此类推

$$L[f(^{(n)}(t)]=s^nF(s)-s^{n-1}f(0)-s^{n-2}f'(0)-\cdots-f^{(n-1)}(0).$$

由此可以看出，$f(t)$各阶导数的拉普拉斯变换可以由 s 的乘方与象函数 $F(s)$的代数式表示出来，特别是当初值 $f(0)=f'(0)=f''(0)=\cdots=f^{(n-1)}(0)=0$ 时，有更简单的结果

$$L[f^{(n)}(t)]=s^nF(s).$$

例 9 利用微分性质求 $L[\cos\omega t]$.

解 令 $f(t)=\cos\omega t$，则

$$f'(t)=-\omega\sin\omega t,$$

$$f''(t)=-\omega^2\cos\omega t,$$

且 $f(0)=1$, $f'(0)=0$，得

$$L[f''(t)]=L[-\omega^2\cos\omega t]=s^2L[f(t)]-sf(0)-f'(0)$$

$$=s^2L[\cos\omega t]-s.$$

即

$$L[-\omega^2\cos\omega t]=s^2L[\cos\omega t]-s.$$

移项化简，得

$$L[\cos \omega t]=\frac{s}{s^2+\omega^2}.$$

性质 5(积分性质)　若 $L[f(t)]=F(s)$,则

$$L\left[\int_0^t f(t)\mathrm{d}t\right]=\frac{1}{s}F(s).$$

证明　设 $g(t)=\int_0^t f(t)\mathrm{d}t$, 则 $g'(t)=f(t)$且 $g(0)=0$.

再利用性质 4 有

$$L[g'(t)]=sL[g(t)]-g(0),$$

故

$$L\left[\int_0^t f(t)\mathrm{d}t\right]=\frac{1}{s}F(s).$$

即一个函数积分后再取拉普拉斯变换等于这个函数的拉普拉斯变换除以参数 s.

从拉普拉斯变换的微分、积分性质可以看出,经过拉普拉斯变换后,象原函数领域的微积分运算转化成了象函数领域里的乘除运算.

例 10　利用积分性质求 $f(t)=t^n$(n 为正整数)的拉普拉斯变换.

解　因为 $t^n=n\int_0^t t^{n-1}\mathrm{d}t$, 所以

$$L[t^n]=nL\left[\int_0^t t^{n-1}\mathrm{d}t\right]=\frac{n}{s}L[t^{n-1}],$$

从而有递推公式

$$L[t^n]=\frac{n}{s}L[t^{n-1}],$$

于是

$$L[t^n]=\frac{n}{s}L[t^{n-1}]=\frac{n}{s}\cdot\frac{n-1}{s}L[t^{n-2}]$$

$$=\frac{n}{s}\cdot\frac{n-1}{s}\cdot\frac{n-2}{s}L[t^{n-3}]$$

$$=\frac{n!}{s^n}L[t^0]=\frac{n!}{s^{n+1}}\ (s>0).$$

7.2 拉普拉斯逆变换

7.1节主要讨论了由已知函数 $f(t)$ 求它的象函数 $F(s)$，但在实际应用中常会碰到与此相反的问题，即已知象函数 $F(s)$ 求它的象原函数 $f(t)$，这就是拉普拉斯逆变换的问题. 从前面的讨论中，已经知道了可以利用拉普拉斯变换的性质并根据一些已知的变换来求象原函数，其中对象函数 $F(s)$ 进行分解(或分离)是比较关键的一步，至于已知的变换则可以通过查表获得(附录2). 这种方法在许多情况下不失为一种简单而有效的方法，因而常常被使用，但其使用范围毕竟是有限的. 下面介绍一种更一般性的方法，它直接用象函数表示出象原函数，即所谓的反演积分，再利用留数求出象原函数.

7.2.1 反演积分公式

由拉普拉斯变换的概念可知，函数 $f(t)$ 的拉普拉斯变换实际上就是 $f(t)u(t)e^{-\beta t}$ 的傅里叶变换. 于是当 $f(t)u(t)e^{-\beta t}$ 满足傅里叶积分定理的条件时，根据傅里叶积分公式，$f(t)$ 在连续点处有

$$\begin{aligned} f(t)u(t)e^{-\beta t} &= \frac{1}{2\pi}\int_{-\infty}^{+\infty}\left[\int_{-\infty}^{+\infty} f(\tau)u(\tau)e^{-\beta\tau}e^{-j\omega\tau}d\tau\right]e^{j\omega t}d\omega \\ &= \frac{1}{2\pi}\int_{-\infty}^{+\infty} e^{j\omega t}d\omega\left[\int_{0}^{+\infty} f(\tau)e^{-(\beta+j\omega)\tau}d\tau\right] \\ &= \frac{1}{2\pi}\int_{-\infty}^{+\infty} F(\beta+j\omega)e^{j\omega t}d\omega,\ t>0, \end{aligned}$$

等式两边同乘以 $e^{\beta t}$，并考虑到它与积分变量 ω 无关，则

$$f(t) = \frac{1}{2\pi}\int_{-\infty}^{+\infty} F(\beta+j\omega)e^{(\beta+j\omega)t}d\omega,\ t>0,$$

令 $\beta+j\omega=s$，有

$$f(t) = \frac{1}{2\pi j}\int_{\beta-j\infty}^{\beta+j\infty} F(s)e^{st}ds,\ t>0. \qquad (7\text{-}2)$$

这就是从象函数 $F(s)$ 求它的象原函数 $f(t)$ 的一般公式. 式(7-2)右端的积分称为**拉普拉斯反演积分**. 尽管前面利用拉普拉斯变换的一些性质推出了某些象函数和象原

函数之间的对应关系，但对一些比较复杂的象函数，要求出其象原函数，就不得不借助于反演积分公式，它和式(7-1)成为一对互逆的积分变换公式，也称 $f(t)$ 和 $F(s)$ 构成一个拉普拉斯变换对．由于式(7-2)是一个复变函数的积分，计算复变函数的积分通常比较困难，但当 $F(s)$ 满足一定条件时，可以用留数的方法来计算这个反演积分．特别当 $F(s)$ 为有理函数时更为简单．下述定理将提供计算这种反演积分的方法．

定理 7.2.1　若 $s_1, s_2, \cdots, s_n$ 是函数 $F(s)$ 的所有奇点(适当选取 β 使这些奇点全在 $\mathrm{Re}(s)<\beta$ 的范围内)，且当 $s\to\infty$ 时，$F(s)\to 0$，则有

$$\frac{1}{2\pi \mathrm{j}}\int_{\beta-\mathrm{j}\infty}^{\beta+\mathrm{j}\infty} F(s)\mathrm{e}^{st}\,\mathrm{d}s=\sum_{k=1}^{n}\operatorname*{Res}_{s=s_k}[F(s)\mathrm{e}^{st}],$$

即

$$f(t)=\sum_{k=1}^{n}\operatorname*{Res}_{s=s_k}[F(s)\mathrm{e}^{st}],\ t>0. \tag{7-3}$$

证明略．

注意　若象函数 $F(s)$ 是有理函数：$F(s)=\dfrac{A(s)}{B(s)}$，其中 $A(s)$，$B(s)$ 是不可约的多项式，$B(s)$ 的次数是 n，而且 $A(s)$ 的次数小于 $B(s)$ 的次数，在这种情况下，$F(s)$ 满足定理 7.2.1 所要求的条件．这时有如下两种情况：

情形 1：若 $B(s)$ 有 n 个一级零点 $s_1, s_2, \cdots, s_n$，即这些点都是 $\dfrac{A(s)}{B(s)}$ 的一级极点，根据留数的计算方法，有

$$\operatorname*{Res}_{s=s_k}\left[\frac{A(s)}{B(s)}\mathrm{e}^{st}\right]=\frac{A(s_k)}{B'(s_k)}\mathrm{e}^{s_k t},$$

从而根据式(7-3)，有

$$f(t)=\sum_{k=1}^{n}\frac{A(s_k)}{B'(s_k)}\mathrm{e}^{s_k t},\ t>0. \tag{7-4}$$

情形 2：若 s_1 是 $B(s)$ 的一个 m 级零点，$s_{m+1}, s_{m+2}, \cdots, s_n$ 是 $B(s)$ 的一级零点，即 s_1 是 $\dfrac{A(s)}{B(s)}$ 的 m 级极点，$s_{m+1}, s_{m+2}, \cdots, s_n$ 是 $\dfrac{A(s)}{B(s)}$ 的一级极点．

根据留数的计算方法，有

$$\operatorname{Res}\left[\frac{A(s)}{B(s)}\mathrm{e}^{st}\right]=\frac{1}{(m-1)!}\lim_{s\to s_1}\frac{\mathrm{d}^{m-1}}{\mathrm{d}s^{m-1}}\left[(s-s_1)^m\frac{A(s)}{B(s)}\mathrm{e}^{st}\right],$$

故有

$$f(t)=\sum_{i=m+1}^{n}\frac{A(s_i)}{B'(s_i)}e^{s_i t}+\frac{1}{(m-1)!}\lim_{s\to s_1}\frac{d^{m-1}}{ds^{m-1}}\left[(s-s_1)^m\frac{A(s)}{B(s)}e^{st}\right],\ t>0.$$

(7-5)

式(7-4)和式(7-5)称为海维赛公式.

7.2.2 拉普拉斯逆变换的求法举例

例 1 求 $F(s)=\dfrac{1}{s^2+1}$的逆变换.

解 这里 $B(s)=s^2+1$,它有两个一级零点 $s_1=\mathrm{i}$, $s_2=-\mathrm{i}$,即 i 和 $-\mathrm{i}$ 是 $F(s)$的两个一级极点,因此由式(7-4),可得

$$f(t)=L^{-1}\left[\frac{1}{s^2+1}\right]=\frac{1}{2s}e^{st}\Big|_{s=\mathrm{i}}+\frac{1}{2s}e^{st}\Big|_{s=-\mathrm{i}}$$

$$=\frac{1}{2\mathrm{i}}(e^{\mathrm{i}t}-e^{-\mathrm{i}t})=\sin t,\ t>0.$$

例 2 求 $F(s)=\dfrac{3s-4}{s^2-4s+5}$的逆变换.

解 **方法一** 查表,根据附录 2,得

$$f(t)=L^{-1}\left[\frac{3s-4}{s^2-4s+5}\right]=L^{-1}\left[\frac{3(s-2)+2}{(s-2)^2+1}\right]$$

$$=3L^{-1}\left[\frac{(s-2)}{(s-2)^2+1}\right]+2L^{-1}\left[\frac{1}{(s-2)^2+1}\right]$$

$$=3e^{2t}\cos t+2e^{2t}\sin t$$

$$=e^{2t}(3\cos t+2\sin t).$$

方法二 设 $B(s)=s^2-4s+5$,它有两个一级零点 $s_1=2+\mathrm{i}$, $s_2=2-\mathrm{i}$,即两个零点是$F(s)$的两个一级极点,因此

$$f(t)=L^{-1}\left[\frac{3s-4}{s^2-4s+5}\right]=\frac{3s-4}{2s-4}e^{st}\Big|_{s=s_1}+\frac{3s-4}{2s-4}e^{st}\Big|_{s=s_2}$$

$$=e^{2t}(3\cos t+2\sin t).$$

例 3 求 $F(s)=\dfrac{1}{s(s+1)^2}$的逆变换.

解 **方法一** 利用部分分式法,先把 $F(s)$分解为最简分式之和

$$\frac{1}{s(s+1)^2}=\frac{1}{s}+\frac{-1}{s+1}+\frac{-1}{(s+1)^2},$$

故

$$f(t)=L^{-1}\left[\frac{1}{s(s+1)^2}\right]=L^{-1}\left[\frac{1}{s}+\frac{-1}{s+1}+\frac{-1}{(s+1)^2}\right]=1-\mathrm{e}^{-t}-t\mathrm{e}^{-t}.$$

方法二 设 $B(s)=s(s+1)^2$,它有一级零点 $s=0$,二级零点 $s=-1$,即两个零点分别是 $F(s)$的一级极点和二级极点,因此

$$f(t)=L^{-1}\left[\frac{1}{s(s+1)^2}\right]=\frac{1}{3s^2+4s+1}\mathrm{e}^{st}\Big|_{s=0}+\lim_{s\to-1}\left[(s+1)^2\frac{1}{s(s+1)^2}\mathrm{e}^{st}\right]'$$

$$=1+\lim_{s\to-1}\left(\frac{t}{s}-\frac{1}{s^2}\right)\mathrm{e}^{st}=1-\mathrm{e}^{-t}-t\mathrm{e}^{-t}.$$

7.2.3 卷积

若一个拉普拉斯变换 $H(s)$可分解成 $F(s)$与 $G(s)$之和,其中 $F(s)$与 $G(s)$分别为 $f(t)$与$g(t)$的拉普拉斯变换,那么 $H(s)$就是 $f(t)$与 $g(t)$之和的拉普拉斯变换;那么,如果 $H(s)$可分解成 $F(s)$与 $G(s)$之积,那么 $H(s)$是否就是 $f(t)$与 $g(t)$之积的拉普拉斯变换呢?回答是否定的,即 $H(s)$的拉普拉斯逆变换并不等于函数 $f(t)$与 $g(t)$普通乘积.

1. 卷积的定义

定义 7.2.1 若已知函数 $f(t)$, $g(t)$,则积分

$$\int_0^t f(\tau)g(t-\tau)\mathrm{d}\tau$$

称为函数 $f(t)$与 $g(t)$的**卷积**,记为 $f(t)*g(t)$,即

$$f(t)*g(t)=\int_0^t f(\tau)g(t-\tau)\mathrm{d}\tau.$$

2. 卷积的性质

卷积 $f(t)*g(t)$仍是 t 的函数,而且容易验证卷积满足下列性质:

(1) 交换律 $f(t)*g(t)=g(t)*f(t)$;

(2) 结合律 $[f(t)*g(t)]*h(t)=f(t)*[g(t)*h(t)]$;

(3) 分配律 $f(t)*[g(t)+h(t)]=f(t)*g(t)+f(t)*h(t)$;

(4) $0 * f(t)=f(t) * 0=0$;

(5) $|f(t) * g(t)| \leqslant |f(t)| * |g(t)|$.

卷积的这些性质完全与普通乘积相仿,但是卷积与普通乘积又有很不一样的特征.例如,在普通乘积中有 $1\times f(t)=f(t)$,而对于卷积 $1 * f(t)=f(t)$ 却不一定成立.

3. 卷积定理

定理 7.2.2 设 $F(s)=L[f(t)]$ 与 $G(s)=L[g(t)]$ 都存在,则卷积 $f(t) * g(t)$ 的拉普拉斯变换一定存在,且

$$L[f(t) * g(t)] = L[f(t)] \cdot L[g(t)] = F(s)G(s)$$

或

$$L^{-1}[F(s)G(s)]=f(t) * g(t).$$

该定理表明,两个函数卷积的拉普拉斯变换等于这两个函数拉普拉斯变换的乘积.

在拉普拉斯变换的应用中,卷积定理起着十分重要的作用,下面利用它来求一些函数的拉普拉斯逆变换.

例 4 若 $F(s)=\dfrac{1}{s^2(1+s^2)}$,求 $f(t)$.

解 因为

$$F(s) = \frac{1}{s^2(1+s^2)} = \frac{1}{s^2} \cdot \frac{1}{1+s^2},$$

而

$$L^{-1}\left[\frac{1}{s^2}\right]= t,\ L^{-1}\left[\frac{1}{1+s^2}\right]= \sin t,$$

所以

$$f(t) = L^{-1}[F(s)] = L^{-1}\left[\frac{1}{s^2} \cdot \frac{1}{1+s^2}\right]$$

$$= t * \sin t = \int_0^t (t-\tau)\sin \tau \mathrm{d}\, \tau = t - \sin t.$$

例 5 若 $F(s)=\dfrac{s^2}{(1+s^2)^2}$,求 $f(t)$.

解 因为

$$F(s) = \frac{s^2}{(1+s^2)^2} = \frac{s}{1+s^2} \cdot \frac{s}{1+s^2},$$

而

$$L^{-1}\left[\frac{s}{1+s^2}\right]=\cos t,$$

所以

$$\begin{aligned}f(t)=L^{-1}[F(s)]&=L^{-1}\left[\frac{s}{1+s^2}\cdot\frac{s}{1+s^2}\right]=\cos t*\cos t\\&=\int_0^t\cos(t-\tau)\cos\tau\mathrm{d}\,\tau=\frac{1}{2}(t\cos t+\sin t).\end{aligned}$$

7.3　拉普拉斯变换的应用

拉普拉斯变换在线性系统的分析和研究中起着重要的作用.一个线性系统的数学模型通常可以用一个线性微分方程来描述,而这样的方程可以利用拉普拉斯变换转换为代数方程进行求解,此方法经常用于电路理论和自动控制理论中.本节将应用拉普拉斯变换来求解线性微分方程和方程组.

7.3.1　利用拉普拉斯变换求解线性微分方程

例 1　求微分方程 $y'(t)+2y(t)=0$ 满足初始条件 $y(0)=3$ 的解.

解　**第一步**　对方程两端取拉普拉斯变换,并设 $L[y(t)]=Y(s)$,则

$$L[y'(t)+2y(t)]=L[0],$$

$$L[y'(t)]+2L[y(t)]=0,$$

$$sY(s)-y(0)+2Y(s)=0,$$

将初始条件 $y(0)=3$ 代入上式,整理得 $(s+2)Y(s)=3$.

可见,经变换后,原微分方程已转化为象函数 $Y(s)$ 的代数方程.

第二步　解出 $Y(s)$

$$Y(s)=\frac{3}{s+2}.$$

第三步　求象函数 $Y(s)$ 的逆变换

$$y(t)=L^{-1}[Y(s)]=L^{-1}\left[\frac{3}{s+2}\right]=3\mathrm{e}^{-2t}.$$

即为所求微分方程满足初始条件的解,这种解法可以用示意图 7-2 表示.

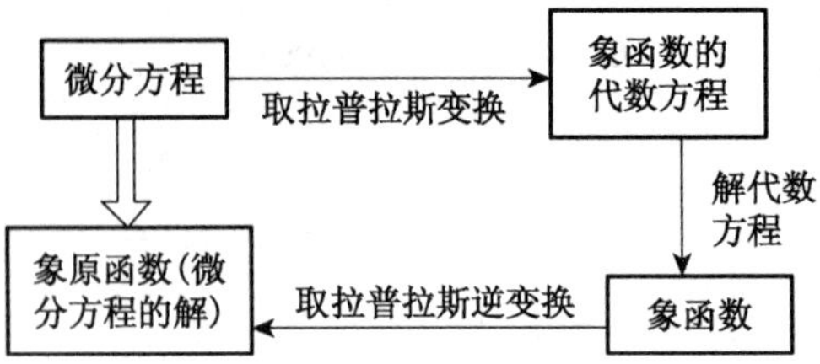

图 7-2

例 2 求微分方程 $y''(t)-3y'(t)+2y(t)=4$ 满足初始条件 $y(0)=0,\ y'(0)=1$ 的特解.

解 方程两边取拉普拉斯变换,并设 $L[y(t)]=Y(s)$,则

$$L[y''(t)-3y'(t)+2y(t)]=L[4],$$

$$s^2Y(s)-sy(0)-y'(0)-3[sY(s)-y(0)]+2Y(s)=\frac{4}{s},$$

将初始条件 $y(0)=0,\ y'(0)=1$ 代入,得

$$s^2Y(s)-1-3sY(s)+2Y(s)=\frac{4}{s},$$

得

$$Y(s)=\frac{s+4}{s(s-1)(s-2)}=\frac{2}{s}-\frac{5}{s-1}+\frac{3}{s-2},$$

取拉普拉斯逆变换,得所求的特解

$$y(t)=L^{-1}[Y(s)]=L^{-1}\left[\frac{2}{s}-\frac{5}{s-1}+\frac{3}{s-2}\right]=2-5\mathrm{e}^{t}+3\mathrm{e}^{2t}.$$

从这两个例子看出,在求线性微分方程满足初始条件的特解时,已将初始条件用在解的过程中,这样就避免了在微分方程的一般解法中,先求通解而后根据初始条件确定任意常数的复杂运算.

例 3 求微分方程 $y''(t)+y(t)=\cos t$ 的通解.

解 方程两边取拉普拉斯变换,并设 $L[y(t)]=Y(s)$,则

$$L[y''(t)+y(t)]=L[\cos t],$$

$$s^2Y(s)-sy(0)-y'(0)+Y(s)=\frac{s}{s^2+1},$$

解出 $Y(s)$，并令 $y(0)=C_1$，$y'(0)=C_2$，有

$$Y(s)=\frac{s}{(s^2+1)^2}+\frac{C_1 s}{s^2+1}+\frac{C_2}{s^2+1},$$

取拉普拉斯逆变换，得所求通解

$$y(t)=\frac{1}{2}t\sin t+C_1\cos t+C_2\sin t.$$

7.3.2　利用拉普拉斯变换求解线性微分方程组

例 4　求微分方程组

$$\begin{cases}x''-2y'-x=0,\\ x'-y=0\end{cases}$$

满足初始条件 $x(0)=0$，$x'(0)=1$，$y(0)=1$ 的解.

解　对方程组的两个方程分别取拉普拉斯变换，并设 $L[x(t)]=X(s)$，$L[y(t)]=Y(s)$，则

$$\begin{cases}s^2X(s)-sx(0)-x'(0)-2[sY(s)-y(0)]-X(s)=0,\\ sX(s)-x(0)-Y(s)=0.\end{cases}$$

将初始条件 $x(0)=0$，$x'(0)=1$，$y(0)=1$ 代入，整理得

$$\begin{cases}(s^2-1)X(s)-2sY(s)+1=0,\\ sX(s)-Y(s)=0,\end{cases}$$

解此代数方程组，得

$$\begin{cases}X(s)=\dfrac{1}{s^2+1},\\[2ex] Y(s)=\dfrac{s}{s^2+1},\end{cases}$$

取拉普拉斯逆变换，得所求的解

$$\begin{cases}x(t)=\sin t,\\ y(t)=\cos t.\end{cases}$$

例 5　如图 7-3 所示的机械系统，最初是静止的，一单位脉冲力使系统开始运动，求因此而产生的振动.

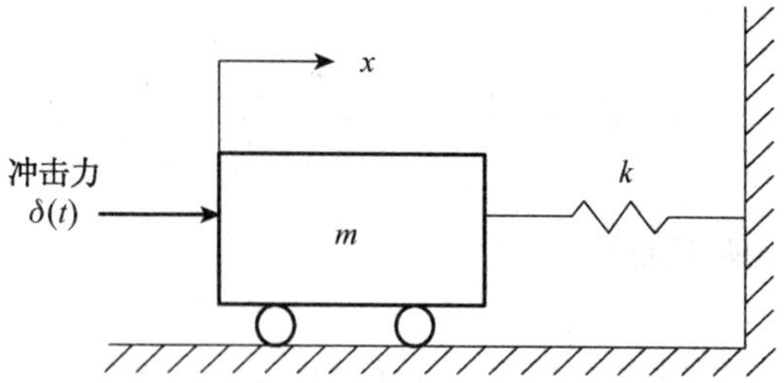

图 7-3

解 设系统的振动方程为 $x=x(t)$，则根据题意有 $x(0)=0$，$x'(0)=0$，系统所受的力为冲击力 $\delta(t)$，弹簧的恢复力 kx（k 是弹性系数），由牛顿第二定律，有

$$mx''=\delta(t)-kx,$$

其中 m 是物体的质量，即

$$mx''+kx=\delta(t),$$

对方程两边取拉普拉斯变换，并设 $L[x(t)]=X(s)$，则

$$m[s^2X(s)-sx(0)-x'(0)]+kX(s)=1,$$

将初始条件 $x(0)=0$，$x'(0)=0$ 代入，整理后得

$$X(s)=\frac{1}{ms^2+k},$$

取逆变换，得所求的解

$$x(t)=L^{-1}[X(s)]=\frac{1}{\sqrt{mk}}\sin\sqrt{\frac{k}{m}}t,$$

这是一个振幅为$\frac{1}{\sqrt{mk}}$的简谐振动．

本章小结

本章讨论了拉普拉斯变换的概念、性质以及拉普拉斯逆变换的求解方法，并介绍了它在求解微分方程等方面的应用．

拉普拉斯变换在傅里叶变换的基础上，引入了衰减指数函数 $e^{-\beta t}$ 和单位阶跃函数 $u(t)$，从而放宽了对函数的限制并使之更适合工程实际．同时，它仍保留了傅里叶变换中的好多性质，特别是其中的微分性质、卷积等，比傅里叶变换更实用、更方便．另外，拉普拉斯变换仍具有明显的物理意义，它将频率 ω 变成复频率 s，从而不仅能刻画函数的振荡频率，还能描述振荡幅度的增长(或衰减)速率．

根据拉普拉斯变换和傅里叶变换的关系导出的反演积分公式，原则上讲，是一种求拉普拉斯逆变换的通用方法．但有时应根据象函数的具体情况而灵活地采用其他方法，应充分利用拉普拉斯变换的各种性质．通常是将象函数分解为一些基本函数的相加或相乘，再利用线性性质、位移性质、延迟性质、卷积定理等，并结合这些基本函数的象原函数求出总的象原函数．

拉普拉斯变换的应用领域相当广泛，本章仅从数学角度，介绍了它在求解微分方程方面的应用．由于拉普拉斯变换能将微分变成乘法，将微分方程变为代数方程，而且初始条件包含在变换式中，因而能有效、简便地求解微分方程．

习题 7

1．利用定义求下列函数的拉普拉斯变换：

(1) $f(t)=t$；

(2) $f(t)=\mathrm{e}^{-3t}$；

(3) $f(t)=\begin{cases}E, & 0\leqslant t<t_0,\\ 0, & t\geqslant t_0\end{cases}$ (t_0 为常数)．

2．求下列函数的拉普拉斯变换：

(1) t^3+6t^2-3；

(2) $5\cos 2t-3\sin 2t$；

(3) $\sin 3t\cos 3t$；

(4) $\sin\left(2t-\dfrac{\pi}{4}\right)$；

(5) $8\cos^2 3t$；

(6) $1+t^2\mathrm{e}^{-2t}$；

(7) $\mathrm{e}^{3t}\sin 4t$；

(8) $\sin 5t\cos 3t$；

(9) $2u(t-1)+3u(t-2)$；

(10) $f(t)=\begin{cases}3, & 0\leqslant t<2,\\ -1, & 2\leqslant t<4,\\ 0, & 4\leqslant t.\end{cases}$

3．利用微分性质求下列函数的拉普拉斯变换：

(1) $f(t)=2\mathrm{e}^{3t}$；

(2) $f(t)=\sin\omega t$．

4．求下列各函数的拉普拉斯逆变换：

(1) $F(s)=\dfrac{1}{s-3}$；

(2) $F(s)=\dfrac{1}{2s+3}$；

(3) $F(s)=\dfrac{2s}{s^2+36}$；

(4) $F(s)=\dfrac{2s-1}{s^2+1}$；

(5) $F(s)=\dfrac{2s-3}{s^2}$；

(6) $F(s)=\dfrac{2s+3}{s^2-2s+5}$；

(7) $F(s)=\dfrac{s}{(s+3)(s+5)}$；　　(8) $F(s)=\dfrac{1}{s(s+1)(s+2)}$.

5. 求下列各函数的卷积：

(1) $t*t$；　　(2) $t*\mathrm{e}^t$；　　(3) $\sin t*\cos t$.

6. 用拉普拉斯变换求解下列微分方程及方程组：

(1) $\dfrac{\mathrm{d}i}{\mathrm{d}t}+5i=10\mathrm{e}^{-3t}$，$i(0)=0$；

(2) $y''+2y'+5y=0$，$y(0)=1$，$y'(0)=5$；

(3) $y''+16y=32t$，$y(0)=3$，$y'(0)=-2$；

(4) $y''+4y'+3y=\mathrm{e}^{-t}$，$y(0)=1$，$y'(0)=1$；

(5) $\begin{cases}x'+x-y=\mathrm{e}^t,\\ y'+3x-2y=2\mathrm{e}^t,\end{cases}$ $x(0)=y(0)=1$；

(6) $\begin{cases}x''+2y=0,\\ y'+x+y=0,\end{cases}$ $x(0)=0$，$x'(0)=y(0)=1$.

复习题 7

1. 选择题.

(1) 设 $f(t)=\delta(t-1)$，则 $L[f(t)]=$(　　).

(A) 1　　(B) e^s

(C) e^{-s}　　(D) 2π

(2) $L\left[\cos\left(t-\dfrac{\pi}{4}\right)\right]=$(　　).

(A) $\dfrac{\sqrt{2}}{2}\dfrac{s+1}{s^2+1}$　　(B) $\dfrac{\sqrt{2}}{2}\dfrac{s-1}{s^2+1}$

(C) $\dfrac{\sqrt{2}}{2}\dfrac{s+1}{s^2+1}\mathrm{e}^{-\frac{\pi}{4}s}$　　(D) $\dfrac{\sqrt{2}}{2}\dfrac{s-1}{s^2+1}\mathrm{e}^{-\frac{\pi}{4}s}$

(3) $L\left[\int_0^t \mathrm{e}^{-3t}\sin t\mathrm{d}t\right]=$(　　).

(A) $\dfrac{1}{s}\dfrac{1}{(s-3)^2+1}$　　(B) $\dfrac{1}{s}\dfrac{1}{(s+3)^2+1}$

(C) $-\dfrac{1}{s}\dfrac{1}{(s+3)^2+1}$　　(D) $-\dfrac{1}{s}\dfrac{1}{(s-3)^2+1}$

(4) 函数 $\dfrac{s^2}{(s+1)^2+1}$ 的拉普拉斯逆变换为(　　).

(A) $\delta(t)-2\mathrm{e}^{-t}\cos t$　　(B) $\delta(t)-2\mathrm{e}^{t}\cos t$

(C) $\delta(t)-2e^{-t}\sin t$　　(D) $\delta(t)-2e^{t}\sin t$

(5) 当 $t<a$ 时，$u(t-a)*f(t)$ 的值为(　　).

(A) 0　　(B) 1

(C) -1　　(D) 不存在

2. 求下列函数的拉普拉斯变换：

(1) $f(t)=\sin 2t-3\cos 2t-8e^{-2t}+2$；　　(2) $f(t)=\sin t\cos t$；

(3) $f(t)=1+t^2e^{-t}$；　　(4) $f(t)=\begin{cases}2, & 0\leqslant t<1,\\ 1, & 1\leqslant t<2,\\ 0, & 2\leqslant t.\end{cases}$

3. 求下列函数的拉普拉斯逆变换：

(1) $F(s)=\dfrac{4s-3}{s^2+4}$；　　(2) $F(s)=\dfrac{s+1}{s^2+4s+4}$；

(3) $F(s)=\dfrac{1}{s^3+3s^2+2s}$；　　(4) $F(s)=\dfrac{s+3}{s^2+4s+7}$.

4. 利用拉普拉斯变换求解下列微分方程或方程组：

(1) $y''-5y'+6y=0$，$y(0)=1$，$y'(0)=2$；

(2) $y''+2y'+y=\sin t$，$t\geqslant 0$，$y(0)=1$，$y'(0)=0$；

(3) $\begin{cases}x''-x-2y'=e^t,\\ x'-y''-2y=t^2,\end{cases}$ $x(0)=-\dfrac{3}{2}$，$x'(0)=\dfrac{1}{2}$，$y(0)=1$，$y'(0)=-\dfrac{1}{2}$；

(4) $\begin{cases}x''+2x'+\displaystyle\int_0^t y(t)\mathrm{d}t=0,\\ 4x''-x'+y=e^{-t},\end{cases}$ $x(0)=x'(0)=0$.

上机演练与实验

实验 6　用 MATLAB 求拉普拉斯变换及逆变换

(一) 实验类型：验证性.

(二) 实验类别：基础实验.

(三) 实验学时数：2 学时.

(四) 实验目的：

1. 掌握 MATLAB 计算拉普拉斯变换；

2. 掌握 MATLAB 计算拉普拉斯逆变换.

(五) 实验内容：

1. 基本命令

(1) 拉普拉斯变换

直接调用 laplace( )函数,求解符号函数的拉普拉斯变换.调用格式如下:

$$L=\text{laplace}(f, t, s)$$

%求函数 $f(t)$的拉普拉斯变换 L. L 是 s 的函数,当参数 s 省略时,返回结果 L 默认为 s 的函数;f 为 t 的函数,当参数 t 省略时,默认自由变量为 t.

(2) 拉普拉斯逆变换

在已知拉普拉斯变换结果的前提下,求拉普拉斯逆变换,可以调用ilaplace( )函数.调用格式如下:

$$f=\text{ilaplace}(L, s, t)$$

%求函数 $L(s)$的拉普拉斯逆变换 f.

2. 应用

例 1 求函数 $f_1(t)=t^2$, $f_2(t)=e^{2t}$, $f_3(t)=\cos 2t$, $f_4(t)=\sin 2t$ 的拉普拉斯变换.

【MATLAB 源程序】

```
>>syms s t;
>>laplace(t^2)
ans=
2/s^3
>>laplace(exp(2*t))
ans=
1/(s-2)
>>laplace(cos(2*t))
ans=
s/(s^2+4)
>>laplace(sin(2*t))
ans=
2/(s^2+4)
```

例 2 求函数 $F_1(s)=\frac{1}{s-1}$, $F_2(s)=\frac{1}{s^2+1}$, $F_3(s)=\frac{s}{s^2+16}$的拉普拉斯逆变换.

【MATLAB 源程序】

```
>>syms  s  t;
>>ilaplace(1/(s-1))
ans=
exp(t)
>>ilaplace(1/(s^2+1))
ans=
sin(t)
>>ilaplace(s/(s^2+16))
ans=
cos(4*t)
```

例 3　求函数 $f_1(t)=t$ 和 $f_2(t)=\sin t$ 的卷积.

【分析】　由卷积定理可知,若 $F(s)=L[f(t)]$ 与 $G(s)=L[g(t)]$ 都存在,则

$$f(t)*g(t)=L^{-1}[F(s)G(s)].$$

即要求 $f(t)$ 和 $g(t)$ 的卷积,可先求 $f(t)$ 和 $g(t)$ 的拉普拉斯变换 $F(s)$ 和 $G(s)$,再求 $F(s)G(s)$ 的拉普拉斯逆变换即可求得 $f(t)*g(t)$.

【MATLAB 源程序】

```
>>syms  s  t;
>>f1=t;
>>f2=sin(t);
>>F1=laplace(f1);
>>F2=laplace(f2);
>>juanji= ilaplace(F1*F2)
juanji=
    t-sin(t)
```

从以上例子可以看出,用 MATLAB 求解函数的拉普拉斯变换和逆变换,可以大大简化数学问题的求解过程.

附录 1　傅里叶变换简表

	$f(t)$	$F(\omega)$
1	$\cos\omega_0 t$	$\pi[\delta(\omega+\omega_0)+\delta(\omega-\omega_0)]$
2	$\sin\omega_0 t$	$\mathrm{j}\pi[\delta(\omega+\omega_0)-\delta(\omega-\omega_0)]$
3	$\dfrac{\sin\omega_0 t}{\pi t}$	$\begin{cases}1, & \lvert\omega\rvert\leqslant\omega_0\\ 0, & \lvert\omega\rvert>\omega_0\end{cases}$
4	$u(t)$	$\dfrac{1}{\mathrm{j}\omega}+\pi\delta(\omega)$
5	$u(t-c)$	$\dfrac{1}{\mathrm{j}\omega}\mathrm{e}^{-\mathrm{j}\omega c}+\pi\delta(\omega)$
6	$u(t)\cdot t$	$-\dfrac{1}{\omega^2}+\pi\mathrm{j}\delta'(\omega)$
7	$u(t)\cdot t^n$	$\dfrac{n!}{(\mathrm{j}\omega)^{n+1}}+\pi\mathrm{j}^n\delta^{(n)}(\omega)$
8	$u(t)\sin\omega_0 t$	$\dfrac{\omega_0}{\omega_0^2-\omega^2}+\dfrac{\pi}{2\mathrm{j}}[\delta(\omega-\omega_0)-\delta(\omega+\omega_0)]$
9	$u(t)\cos\omega_0 t$	$\dfrac{\mathrm{j}\omega}{\omega_0^2-\omega^2}+\dfrac{\pi}{2}[\delta(\omega-\omega_0)+\delta(\omega+\omega_0)]$
10	$u(t)\mathrm{e}^{-\beta t}\quad(\beta>0)$	$\dfrac{1}{\beta+\mathrm{j}\omega}$
11	$u(t)\mathrm{e}^{\mathrm{j}at}$	$\dfrac{1}{\mathrm{j}(\omega-a)}+\pi\delta(\omega-a)$
12	$u(t-c)\mathrm{e}^{\mathrm{j}at}$	$\dfrac{1}{\mathrm{j}(\omega-a)}\mathrm{e}^{-\mathrm{j}(\omega-a)c}+\pi\delta(\omega-a)$
13	$u(t)\mathrm{e}^{\mathrm{j}at}t^n$	$\dfrac{n!}{[\mathrm{j}(\omega-a)]^{n+1}}+\pi\mathrm{j}^n\delta^{(n)}(\omega-a)$

（续表）

	$f(t)$	$F(\omega)$
14	$e^{a\|t\|}$　$(\mathrm{Re}(a)<0)$	$\dfrac{-2a}{\omega^2+a^2}$
15	$\delta(t)$	1
16	$\delta(t-c)$	$e^{-j\omega c}$
17	$\delta'(t)$	$j\omega$
18	$\delta^{(n)}(t)$	$(j\omega)^n$
19	$\delta^{(n)}(t-c)$	$(j\omega)^n e^{-j\omega c}$
20	1	$2\pi\delta(\omega)$
21	t	$2\pi j\delta'(\omega)$
22	t^n	$2\pi j^n\delta^{(n)}(\omega)$
23	e^{jat}	$2\pi\delta(\omega-a)$
24	$t^n e^{j\omega t}$	$2\pi j^n\delta^{(n)}(\omega-a)$
25	$\dfrac{1}{a^2+t^2}$　$(\mathrm{Re}(a)<0)$	$-\dfrac{\pi}{a}e^{a\|\omega\|}$
26	$\dfrac{1}{(a^2+t^2)^2}$　$(\mathrm{Re}(a)<0)$	$\dfrac{j\omega\pi}{2a}e^{a\|\omega\|}$
27	$\dfrac{e^{jbt}}{a^2+t^2}$　$(\mathrm{Re}(a)<0$，b 为实数$)$	$-\dfrac{\pi}{a}e^{a\|\omega-b\|}$
28	$\dfrac{\cos bt}{a^2+t^2}$　$(\mathrm{Re}(a)<0$，b 为实数$)$	$-\dfrac{\pi}{2a}[e^{a\|\omega-b\|}+e^{a\|\omega+b\|}]$
29	$\dfrac{\sin bt}{a^2+t^2}$　$(\mathrm{Re}(a)<0$，b 为实数$)$	$-\dfrac{\pi}{2aj}[e^{a\|\omega-b\|}+e^{a\|\omega+b\|}]$
30	$\dfrac{\mathrm{sh}\ at}{\mathrm{sh}\ \pi t}$　$(-\pi<a<\pi)$	$\dfrac{\sin a}{\mathrm{ch}\ \omega+\cos a}$

（续表）

	$f(t)$	$F(\omega)$
31	$\dfrac{\operatorname{sh} at}{\operatorname{ch} \pi t}\quad(-\pi<a<\pi)$	$-2\mathrm{j}\dfrac{\sin\dfrac{a}{2}\operatorname{sh}\dfrac{\omega}{2}}{\operatorname{ch}\omega+\cos a}$
32	$\dfrac{\operatorname{ch} at}{\operatorname{ch} \pi t}\quad(-\pi<a<\pi)$	$2\dfrac{\cos\dfrac{a}{2}\operatorname{ch}\dfrac{\omega}{2}}{\operatorname{ch}\omega+\cos a}$
33	$\dfrac{1}{\operatorname{ch} at}$	$\dfrac{\pi}{a}\dfrac{1}{\operatorname{ch}\dfrac{\pi\omega}{2a}}$
34	$\sin at^2\quad(a>0)$	$\sqrt{\dfrac{\pi}{a}}\cos\left(\dfrac{\omega^2}{4a}+\dfrac{\pi}{4}\right)$
35	$\cos at^2\quad(a>0)$	$\sqrt{\dfrac{\pi}{a}}\cos\left(\dfrac{\omega^2}{4a}-\dfrac{\pi}{4}\right)$
36	$\dfrac{1}{t}\sin at\quad(a>0)$	$\begin{cases}\pi, & \|\omega\|\leqslant a\\ 0, & \|\omega\|>a\end{cases}$
37	$\dfrac{1}{t^2}\sin^2 at\quad(a>0)$	$\begin{cases}\pi\left(a-\dfrac{\|\omega\|}{2}\right), & \|\omega\|\leqslant 2a\\ 0, & \|\omega\|>2a\end{cases}$
38	$\dfrac{\sin at}{\sqrt{\|t\|}}$	$\mathrm{j}\sqrt{\dfrac{\pi}{2}}\left(\dfrac{1}{\sqrt{\|\omega+a\|}}-\dfrac{1}{\sqrt{\|\omega-a\|}}\right)$
39	$\dfrac{\cos at}{\sqrt{\|t\|}}$	$\sqrt{\dfrac{\pi}{2}}\left(\dfrac{1}{\sqrt{\|\omega+a\|}}+\dfrac{1}{\sqrt{\|\omega-a\|}}\right)$
40	$\dfrac{1}{\sqrt{\|t\|}}$	$\sqrt{\dfrac{2\pi}{\omega}}$
41	$\operatorname{sgn} t$	$\dfrac{2}{\mathrm{j}\omega}$
42	$\mathrm{e}^{-at^2}\quad(\operatorname{Re}(a)>0)$	$\sqrt{\dfrac{\pi}{a}}\mathrm{e}^{-\frac{\omega^2}{4a}}$
43	$\|t\|$	$-\dfrac{2}{\omega^2}$
44	$\dfrac{1}{\|t\|}$	$\dfrac{\sqrt{2\pi}}{\|\omega\|}$

附录 2　拉普拉斯变换简表

	$f(t)$	$F(S)$
1	1	$\frac{1}{s}$
2	e^{at}	$\frac{1}{s-a}$
3	$t^m (m>-1)$	$\frac{\Gamma(m+1)}{s^{m+1}}$
4	$t^m e^{at} (m>-1)$	$\frac{\Gamma(m+1)}{(s-a)^{m+1}}$
5	$\sin at$	$\frac{a}{s^2+a^2}$
6	$\cos at$	$\frac{s}{s^2+a^2}$
7	$\mathrm{sh}\, at$	$\frac{a}{s^2-a^2}$
8	$\mathrm{ch}\, at$	$\frac{s}{s^2-a^2}$
9	$t \sin at$	$\frac{2as}{(s^2+a^2)^2}$
10	$t \cos at$	$\frac{s^2-a^2}{(s^2+a^2)^2}$
11	$t\, \mathrm{sh}\, at$	$\frac{2as}{(s^2-a^2)^2}$
12	$t\, \mathrm{ch}\, at$	$\frac{s^2+a^2}{(s^2-a^2)^2}$
13	$t^m \sin at\ (m>-1)$	$\frac{\Gamma(m+1)}{2\mathrm{j}(s^2+a^2)^{m+1}} \cdot [(s+\mathrm{j}a)^{m+1}-(s-\mathrm{j}a)^{m+1}]$

（续表）

	$f(t)$	$F(S)$
14	$t^m\cos at(m>-1)$	$\frac{\Gamma(m+1)}{2(s^2+a^2)^{m+1}}\cdot[(s+\mathrm{j}a)^{m+1}-(s-\mathrm{j}a)^{m+1}]$
15	$\mathrm{e}^{-bt}\sin at$	$\frac{a}{(s+b)^2+a^2}$
16	$\mathrm{e}^{-bt}\cos at$	$\frac{s+b}{(s+b)^2+a^2}$
17	$\mathrm{e}^{-bt}\sin(at+c)$	$\frac{(s+b)\sin c+a\cos c}{(s+b)^2+a^2}$
18	$\sin^2 t$	$\frac{1}{2}\left(\frac{1}{s}-\frac{s}{4+s^2}\right)$
19	$\cos^2 t$	$\frac{1}{2}\left(\frac{1}{s}+\frac{s}{4+s^2}\right)$
20	$\sin at\sin bt$	$\frac{2abs}{[s^2+(a+b)^2][s^2+(a-b)^2]}$
21	$\mathrm{e}^{at}-\mathrm{e}^{bt}$	$\frac{a-b}{(s-a)(s-b)}$
22	$a\mathrm{e}^{at}-b\mathrm{e}^{bt}$	$\frac{(a-b)s}{(s-a)(s-b)}$
23	$\frac{1}{a}\sin at-\frac{1}{b}\sin bt$	$\frac{b^2-a^2}{(s^2+a^2)(s^2+b^2)}$
24	$\cos at-\cot bt$	$\frac{(b^2-a^2)s}{(s^2+a^2)(s^2+b^2)}$
25	$\frac{1}{a^2}(1-\cos at)$	$\frac{1}{s(s^2+a^2)}$
26	$\frac{1}{a^3}(at-\sin at)$	$\frac{1}{s^2(s^2+a^2)}$
27	$\frac{1}{a^4}(\cos at-1)+\frac{1}{2a^2}t^2$	$\frac{1}{s^3(s^2+a^2)}$
28	$\frac{1}{a^4}(\mathrm{ch}\, at-1)-\frac{1}{2a^2}t^2$	$\frac{1}{s^3(s^2-a^2)}$

（续表）

	$f(t)$	$F(S)$
29	$\frac{1}{2a^3}(\sin at - at\cos at)$	$\frac{1}{(s^2+a^2)^2}$
30	$\frac{1}{2a}(\sin at + at\cos at)$	$\frac{s^2}{(s^2+a^2)^2}$
31	$\frac{1}{a^4}(1-\cos at)-\frac{1}{2a^3}t\sin at$	$\frac{1}{s(s^2+a^2)^2}$
32	$(1-at)e^{-at}$	$\frac{s}{(s+a)^2}$
33	$t\left(1-\frac{a}{2}t\right)e^{-at}$	$\frac{s}{(s+a)^3}$
34	$\frac{1}{a}(1-e^{-at})$	$\frac{s}{s(s+a)}$
35	$\frac{1}{ab}+\frac{1}{b-a}\left(\frac{e^{-bt}}{b}-\frac{e^{-at}}{a}\right)$	$\frac{s}{s(s+a)(s+b)}$
36	$e^{-at}-e^{\frac{at}{2}}\left(\cos\frac{\sqrt{3}at}{2}-\sqrt{3}\sin\frac{\sqrt{3}at}{2}\right)$	$\frac{3a^2}{s^3+a^3}$
37	$\sin at\ \mathrm{ch}\ at-\cos at\ \mathrm{sh}\ at$	$\frac{4a^3}{s^4+4a^4}$
38	$\frac{1}{2a^2}\sin at\ \mathrm{sh}\ at$	$\frac{s}{s^4+4a^4}$
39	$\frac{1}{2a^3}(\mathrm{sh}\ at-\sin at)$	$\frac{1}{s^4-a^4}$
40	$\frac{1}{2a^2}(\mathrm{ch}\ at-\cos at)$	$\frac{s}{s^4-a^4}$
41	$\frac{1}{\sqrt{\pi t}}$	$\frac{1}{\sqrt{s}}$
42	$2\sqrt{\frac{t}{\pi}}$	$\frac{1}{s\sqrt{s}}$
43	$\frac{1}{\sqrt{\pi t}}e^{at}(1+2at)$	$\frac{s}{(s-a)\sqrt{s-a}}$

（续表）

	$f(t)$	$F(S)$
44	$\frac{1}{2\sqrt{\pi t^3}}(e^{bt}-e^{at})$	$\sqrt{s-a}-\sqrt{s-b}$
45	$\frac{1}{\sqrt{\pi t}}\cos 2\sqrt{at}$	$\frac{1}{\sqrt{s}}e^{-\frac{a}{s}}$
46	$\frac{1}{\sqrt{\pi t}}\operatorname{ch} 2\sqrt{at}$	$\frac{1}{\sqrt{s}}e^{\frac{a}{s}}$
47	$\frac{1}{\sqrt{\pi t}}\sin 2\sqrt{at}$	$\frac{1}{s\sqrt{s}}e^{-\frac{a}{s}}$
48	$\frac{1}{\sqrt{\pi t}}\operatorname{sh} 2\sqrt{at}$	$\frac{1}{s\sqrt{s}}e^{\frac{a}{s}}$
49	$\frac{1}{t}(e^{bt}-e^{at})$	$\ln\frac{s-a}{s-b}$
50	$\frac{2}{t}\operatorname{sh} at$	$\ln\frac{s+a}{s-a}$
51	$\frac{2}{t}(1-\cos at)$	$\ln\frac{s^2+a^2}{s^2}$
52	$\frac{2}{t}(1-\operatorname{ch} at)$	$\ln\frac{s^2-a^2}{s^2}$
53	$\frac{1}{t}\sin at$	$\arctan\frac{a}{s}$
54	$\frac{1}{t}(\operatorname{ch} at-\cos bt)$	$\ln\sqrt{\frac{s^2+b^2}{s^2-a^2}}$

参 考 答 案

习题 1

1. (1) $\operatorname{Re} z=\sqrt{3}$, $\operatorname{Im} z=1$, $|z|=2$, $\arg z=\frac{\pi}{6}$, $\bar{z}=\sqrt{3}-\mathrm{i}$;

(2) $\operatorname{Re} z=\frac{1}{2}$, $\operatorname{Im} z=-\frac{1}{2}$, $|z|=\frac{\sqrt{2}}{2}$, $\arg z=-\frac{\pi}{4}$, $\bar{z}=\frac{1+\mathrm{i}}{2}$;

(3) $\operatorname{Re} z=0$, $\operatorname{Im} z=-1$, $|z|=1$, $\arg z=-\frac{\pi}{2}$, $\bar{z}=\mathrm{i}$;

(4) $\operatorname{Re} z=2$, $\operatorname{Im} z=0$, $|z|=2$, $\arg z=0$, $\bar{z}=2$;

(5) $\operatorname{Re} z=\frac{3}{13}$, $\operatorname{Im} z=-\frac{2}{13}$, $|z|=\frac{1}{\sqrt{13}}$, $\arg z=-\arctan\frac{2}{3}$, $\bar{z}=\frac{3}{13}+\frac{2}{13}\mathrm{i}$;

(6) $\operatorname{Re} z=-\frac{3}{10}$, $\operatorname{Im} z=\frac{1}{10}$, $|z|=\frac{1}{\sqrt{10}}$, $\arg z=\pi-\arctan\frac{1}{3}$, $\bar{z}=-\frac{3}{10}-\frac{1}{10}\mathrm{i}$.

2. $x=1$, $y=11$.

3. (1) $\mathrm{i}=\cos\frac{\pi}{2}+\mathrm{i}\sin\frac{\pi}{2}=e^{\frac{\pi}{2}\mathrm{i}}$;

(2) $-1=\cos\pi+\mathrm{i}\sin\pi=e^{\pi\mathrm{i}}$;

(3) $-1+\sqrt{3}\mathrm{i}=2\left(\cos\frac{2}{3}\pi+\mathrm{i}\sin\frac{2}{3}\pi\right)=2e^{\frac{2}{3}\pi\mathrm{i}}$;

(4) $r(\sin\theta+\cos\theta)=r\left[\cos\left(\frac{\pi}{2}-\theta\right)+\mathrm{i}\sin\left(\frac{\pi}{2}-\theta\right)\right]=re^{\left(\frac{\pi}{2}-\theta\right)\mathrm{i}}$.

4. (1) $-16(\sqrt{3}+\mathrm{i})$; (2) -2^{51};

(3) $\begin{cases}\sqrt[4]{2}e^{\frac{\pi}{8}\mathrm{i}}, & k=0,\\ \sqrt[4]{2}e^{-\frac{7}{8}\pi\mathrm{i}}, & k=1;\end{cases}$ (4) $\sqrt[8]{8}\left(\cos\frac{3\pi+8k\pi}{16}+\mathrm{i}\sin\frac{3\pi+8k\pi}{16}\right)$, $k=0,1,2,3$.

5. $z_0=\frac{1}{2}+\frac{\sqrt{3}}{2}\mathrm{i}$, $z_1=-1$, $z_2=\frac{1}{2}-\frac{\sqrt{3}}{2}\mathrm{i}$.

6. (1) 以为(3, 0) 中心,4 为半径的圆周;

(2) x 轴；

(3) 以(−3, 0) 和(−1, 0) 为焦点，长轴为 4 的椭圆.

7. (1) 圆环，有界，多连通区域；

(2) 角形域，无界，单连通区域；

(3) 以原点为圆心，以 $\frac{1}{2}$ 为半径的圆的外部，多连通区域，无界；

(4) 圆内的一部分，单连通区域，有界.

8. $\begin{cases} u = x^2 - y^2 - x, \\ v = 2xy + y. \end{cases}$

9. (1) 圆周；(2) 直线；(3) 圆周.

10. (1) 2；(2) $\frac{2}{\sin i}$；(3) $-2i$；(4) 2.

11. 无极限.

复习题 1

1. (1) 错；(2) 错；(3) 对；(4) 错.

2. (1) A；(2) C；(3) B；(4) C.

3. (1) $-1, \sqrt{3}, 2, \frac{2\pi}{3}$；(2) $0, 1, 1, \frac{\pi}{2}$；

(3) $0, -\frac{1}{8}, \frac{1}{8}, -\frac{\pi}{2}$；(4) $\frac{16}{25}, \frac{8}{25}, \frac{8\sqrt{5}}{25}, \arctan\frac{1}{2}$.

4. 2.

5. $(3+i)z + (-3+i)\bar{z} = 4i$.

6. 证明略，几何意义：平行四边形对角线的平方和等于它各边的平方和.

7. (1) 以 i 为圆心，以 2 为半径的圆；

(2) 直线 $y = -3$；

(3) 直线 $x = 2$ 及其左边的平面，无界，单连域；

(4) 以原点为圆心，以 2 和 4 为半径的两个圆及其之间的圆环，有界，多连域；

(5) 直线 $y = 1$ 上方的平面在以原点为圆心，以 2 为半径的圆内的点，有界，单连域；

(6) 射线 $\theta = 0$ 和 $\theta = \frac{\pi}{4}$ 之间的角形域内的点与以原点为圆心，以 2 为半径的圆内的点的公共部分，有界，单连域.

8. $1+\sqrt{3}i, -2, 1-\sqrt{3}i$.

9. $\begin{cases} u = x^3 - 3xy^2, \\ v = 3x^2y - y^3, \end{cases}$ $\omega_1 = -i, \omega_2 = -2+2i, z_3 = 8i$.

10. 略.

习题 2

1. (1) 令 $f(z)=\frac{1}{z}$, $f'(z)=\lim\limits_{\Delta z\to 0}\frac{\frac{1}{z+\Delta z}-\frac{1}{z}}{\Delta z}=\lim\limits_{\Delta z\to 0}\frac{\frac{z-(z+\Delta z)}{z(z+\Delta z)}}{\Delta z}=-\lim\limits_{\Delta z\to 0}\frac{1}{z(z+\Delta z)}=$ $-\frac{1}{z^2}$, 即$\left(\frac{1}{z}\right)'=-\frac{1}{z^2}$.

(2) 令 $f(z)=z^3$, 因为$(z+\Delta z)^3-z^3=z^3+3z^2\Delta z+3z(\Delta z)^2+(\Delta z)^3-z^3=3z^2\Delta z+3z(\Delta z)^2+(\Delta z)^3$, $f'(z)=\lim\limits_{\Delta z\to 0}\frac{(z+\Delta z)^3-z^3}{\Delta z}=\lim\limits_{\Delta z\to 0}[3z^2+3z\cdot\Delta z+(\Delta z)^2]=3z^2$.

2. (1) 函数 $f(z)=x^2-\mathrm{i}y$ 在直线 $x=-\frac{1}{2}$ 上处处可导,但在复平面上处处不解析.

(2) 函数 $f(z)=x^2-y^2-x+\mathrm{i}(2xy-y^2)$ 在直线 $y=\frac{1}{2}$ 上处处可导,但在复平面上处处不解析.

(3) 函数 $f(z)$ 仅在 $z=0$ 一点处可导,在复平面上处处不解析.

(4) 函数 $f(z)=\mathrm{Im}\,z$ 在复平面上处处不可导,处处不解析.

3. (1) 解析区域为复平面,$f'(z)=4z^3-6z^2+8z-6$.

(2) 解析区域为除去 $z=\pm 1$ 外的复平面,$f'(z)=-\frac{2z}{(z^2-1)^2}$.

(3) 解析区域为复平面,$f'(z)=5(z-1)^4$.

(4) 当 $c=0$ 时,解析区域为复平面,$f'(z)=\frac{a}{d}$; 当 $c\neq 0$ 时,解析区域为除去 $z=-\frac{d}{c}$ 外的复平面,$f'(z)=\frac{ad-bc}{(cz+d)^2}$.

4. $l=-3$, $m=1$, $n=-3$.

5. (1) $\mathrm{e}^{2+\mathrm{i}}=\mathrm{e}^2(\cos 1+\mathrm{i}\sin 1)$; (2) $\mathrm{e}^{\frac{2}{3}}\left(\frac{1}{2}-\frac{\sqrt{3}}{2}\mathrm{i}\right)$; (3) $-\mathrm{e}\mathrm{i}$.

6. $\mathrm{Ln}(-\mathrm{i})=\left(2k-\frac{1}{2}\right)\pi\mathrm{i}$, 主值为 $\ln(-\mathrm{i})=-\frac{1}{2}\pi\mathrm{i}$;

$\mathrm{Ln}(-3+4\mathrm{i})=\ln 5+\mathrm{i}\left[(2k+1)\pi-\arctan\frac{4}{3}\right]$, 主值为 $\ln(-3+4\mathrm{i})=\ln 5+\mathrm{i}(\pi-\arctan\frac{4}{3})$.

7. (1) $\mathrm{e}^{-2k\pi}$; (2) $3^{\sqrt{5}}[\cos\sqrt{5}(2k+1)\pi+\mathrm{i}\sin\sqrt{5}(2k+1)\pi]$;

(3) $\sqrt{2}e^{2k\pi+\frac{\pi}{4}}\left[\cos\left(\frac{\pi}{4}-\ln\sqrt{2}\right)+\mathrm{i}\sin\left(\frac{\pi}{4}-\ln\sqrt{2}\right)\right]$;

(4) $e^{2k\pi}[\cos(\ln 3)-\mathrm{i}\sin(\ln 3)]\quad(k\in\mathbf{Z})$.

8. (1) $\frac{e^{-5}\cos 1+e^{5}\cos 1}{2}+\mathrm{i}\frac{e^{-5}\sin 1-e^{5}\sin 1}{2}$; (2) $\frac{e^{-5}+e^{5}}{2}$; (3) $\frac{e^{-2}-e^{2}}{2\mathrm{i}}$;

(4) $\frac{e^{-2}-e^{2}}{2}\mathrm{i}$.

复习题 2

1. (1) $1+\mathrm{i}$; (2) $y=\frac{1}{2}$; (3) $x=-\frac{1}{6}$,复平面上处处不;(4) 复平面,$3(z+2)^2$; (5) $e^{-\frac{\pi}{2}}$.

2. (1) C; (2) A; (3) A; (4) B; (5) D; (6) D.

3. (1) 错; (2) 错; (3) 对; (4) 对; (5) 错; (6) 对; (7) 对.

4. (1) 在复平面上处处解析,且 $f'(z)=3z^2+2\mathrm{i}$;

(2) 在复平面上处处解析,且 $f'(z)=3(z-2)^2$.

5. (1) 有三个奇点分别为 0, i, −i; (2) 有三个奇点分别为 −1, i, −i.

6. (1) $f(z)=x^3+y^3+\mathrm{i}\,x^2y^2$ 仅在两个点 $z=0$ 及 $z=-\frac{3}{2}+\frac{3}{2}\mathrm{i}$ 处可导,且 $f'(0)=$

$$\left(\frac{\partial u}{\partial x}-\mathrm{i}\frac{\partial u}{\partial y}\right)\Bigg|_{\substack{x=0\\y=0}}=0,\quad f'\left(-\frac{3}{2}+\mathrm{i}\frac{3}{2}\right)=\left(\frac{\partial u}{\partial x}-\mathrm{i}\frac{\partial u}{\partial y}\right)\Bigg|_{\substack{x=-\frac{3}{2}\\y=\frac{3}{2}}}=\frac{27}{4}-\frac{27}{4}\mathrm{i}.$$

(2) $f(z)=z\,\mathrm{Re}\,z$ 仅在一点 $z=0$ 处可导,且 $f'(0)=\left(\frac{\partial u}{\partial x}-\mathrm{i}\frac{\partial u}{\partial y}\right)\Bigg|_{\substack{x=0\\y=0}}=0$.

7. $a=1,\ b=c=-3$.

8. $a=\frac{1}{2}$.

9. $z=\mathrm{Ln}\,1=\ln 1+\mathrm{i}\arg(1)+\mathrm{i}2k\pi=\mathrm{i}2k\pi\quad(k=0,\pm1,\pm2,\cdots)$.

10. $\mathrm{Ln}(-3\mathrm{i})=\ln 3+\mathrm{i}\left(2k-\frac{1}{2}\right)\pi\quad(k=0,\pm1,\pm2,\cdots)$,主值为 $\ln(-3\mathrm{i})=\ln 3-\mathrm{i}\frac{\pi}{2}$;

$\mathrm{Ln}(-9+12\mathrm{i})=\ln 15+\mathrm{i}\left[(2k+1)\pi-\arctan\frac{12}{9}\right]\quad(k=0,\pm1,\pm2,\cdots)$;

主值为 $\ln(-9+12\mathrm{i})=\ln 15+\mathrm{i}\left(\pi-\arctan\frac{12}{9}\right)$.

11. $e^{\frac{1+\pi\mathrm{i}}{4}}=e^{\frac{1}{4}}\left(\frac{\sqrt{2}}{2}+\mathrm{i}\frac{\sqrt{2}}{2}\right)$;

$4^{\mathrm{i}}=e^{-2k\pi}[\cos(\ln 4)+\mathrm{i}\sin(\ln 4)]$;

$(-3)^{\sqrt{2}}=e^{\sqrt{2}\ln 3+\mathrm{i}\sqrt{2}(2k+1)\pi}=3^{\sqrt{2}}[\cos\sqrt{2}(2k+1)\pi+\mathrm{i}\sin\sqrt{2}(2k+1)\pi]$.

12. (1) $e^{1-\frac{\pi}{3}i}=e\left(\frac{1}{2}-\frac{\sqrt{3}}{2}i\right)$;

(2) $\mathrm{Ln}(1+i\sqrt{3})=\ln 2+i\left(2k+\frac{1}{3}\right)\pi\quad (k=0,\pm 1,\pm 2,\cdots)$;

(3) $\cos(2i)=\frac{e^{-2}+e^{2}}{2}$; (4) $(1+i)^{i}=e^{-\left(2k+\frac{1}{4}\right)\pi}\left[\cos\left(\frac{\ln 2}{2}\right)+i\sin\left(\frac{\ln 2}{2}\right)\right]\quad (k=0,$ $\pm 1,\pm 2,\cdots)$.

13. 证明　因为 $f(z)=u+iv$ 为解析函数,则 $\frac{\partial u}{\partial x}=\frac{\partial v}{\partial y}$, $\frac{\partial u}{\partial y}=-\frac{\partial v}{\partial x}$, 且 u,v 均可微,从而 $-u$ 也可微,而 $i\overline{\overline{f(z)}}=v-iu=v+i(-u)$. 又因 $\frac{\partial v}{\partial x}=-\frac{\partial u}{\partial y}=\frac{\partial(-u)}{\partial y}$, $\frac{\partial v}{\partial y}=\frac{\partial u}{\partial x}=-\frac{\partial(-u)}{\partial x}$, 即 $-u$, v 满足 $C-R$ 方程,故 $i\overline{\overline{f(z)}}$ 也是解析函数.

另证　$i\overline{\overline{f(z)}}=(-i)f(z)$, 常数乘以解析函数后仍为解析函数.

14. 证明　$|\sin z|=\left|\frac{e^{iz}-e^{-iz}}{2i}\right|=\frac{1}{2}\left|e^{iz}-e^{-iz}\right|\geqslant\frac{1}{2}\left|\left|e^{iz}\right|-\left|e^{-iz}\right|\right|=\frac{1}{2}\left|e^{-y}-e^{y}\right|$.

习题 3

1. 都等于 $\frac{(3+i)^{3}}{3}$.

2. 都等于 $-\frac{1}{6}+\frac{5}{6}i$.

3. $2a\pi i$.

4. (1) 0; (2) 0; (3) 0; (4) πi; (5) 0; (6) $\frac{4\pi i}{4+i}$.

5. (1) $2\pi e^{2}i$; (2) $\frac{\pi i}{a}$; (3) $\frac{\pi}{e}$; (4) 0.

6. (1) $\frac{\pi i}{12}$; (2) $-2\pi i$.

7. $\left(e-2+\frac{1}{e}\right)\pi i$.

8. $4\pi i$.

9. $\oint_{C}\frac{e^{z}}{z}dz=2\pi i$.

证明　$2\pi i=\oint_{C}\frac{e^{z}}{z}dz=\int_{0}^{2\pi}\frac{e^{\cos\theta+i\sin\theta}}{e^{i\theta}}ie^{i\theta}d\theta=i\int_{0}^{2\pi}e^{\cos\theta}[\cos(\sin\theta)+i\sin(\sin\theta)]d\theta$

$$=i\int_{0}^{2\pi}e^{\cos\theta}\cos(\sin\theta)d\theta-\int_{0}^{2\pi}e^{\cos\theta}\sin(\sin\theta)d\theta$$

$$= \mathrm{i}\int_{-\pi}^{\pi} e^{\cos\theta}\cos(\sin\theta)d\theta - \int_{-\pi}^{\pi} e^{\cos\theta}\sin(\sin\theta)d\theta$$

$$= 2\mathrm{i}\int_{0}^{\pi} e^{\cos\theta}\cos(\sin\theta)d\theta.$$

等式左右两端比较知，$\int_{0}^{\pi} e^{\cos\theta}\cos(\sin\theta)d\theta = \pi$.

复习题 3

1. (1) $1+\frac{1}{2}\mathrm{i}$; (2) $4\pi\mathrm{i}$; (3) $-6\pi\mathrm{i}$; (4) 0; (5) $\frac{8}{3}$，0; (6) 0，$\frac{b^4-a^4}{4}$.

2. (1) B; (2) C; (3) B.

3. (1) 错; (2) 对; (3) 错.

4. $-\frac{1}{2}+\frac{5}{6}\mathrm{i}$.

5. (1) i; (2) 2i.

6. 0.

7. (1) $3\cos 1-4+3\mathrm{i}\sin 1$; (2) $2\cos \mathrm{i}$; (3) $\sin 1-\cos 1$; (4) $\mathrm{i}e^{1+\mathrm{i}}$.

8. $\frac{\pi}{5}$.

9. (1) $2\pi\mathrm{i}$; (2) $-\pi\mathrm{i}$; (3) $\pi\mathrm{i}$; (4) 0.

10. $\frac{\pi}{3}e\mathrm{i}$.

11. $f(z)=\frac{1}{z+2}$ 在 C 及 C 内解析，由柯西积分定理，得 $\oint_C \frac{1}{z+2}dz=0$.

又在 C 上有 $z=e^{\mathrm{i}\theta}(-\pi\leqslant\theta\leqslant\pi)$，$dz=\mathrm{i}e^{\mathrm{i}\theta}d\theta$，则

$$\oint_C \frac{1}{z+2}dz = \int_{-\pi}^{\pi}\frac{\mathrm{i}e^{\mathrm{i}\theta}}{e^{\mathrm{i}\theta}+2}d\theta = \int_{-\pi}^{\pi}\frac{-\sin\theta+\mathrm{i}\cos\theta}{(\cos\theta+2)+\mathrm{i}\sin\theta}d\theta$$

$$= \int_{-\pi}^{\pi}\frac{(-\sin\theta+\mathrm{i}\cos\theta)[(\cos\theta+2)-\mathrm{i}\sin\theta]}{(\cos\theta+2)^2+\sin^2\theta}d\theta$$

$$= \int_{-\pi}^{\pi}\frac{-2\sin\theta}{5+4\cos\theta}d\theta + \mathrm{i}\int_{-\pi}^{\pi}\frac{1+2\cos\theta}{5+4\cos\theta}d\theta$$

$$= \int_{-\pi}^{\pi}\frac{-2\sin\theta}{5+4\cos\theta}d\theta + 2\mathrm{i}\int_{0}^{\pi}\frac{1+2\cos\theta}{5+4\cos\theta}d\theta.$$

比较上式实部和虚部，得 $\int_{0}^{\pi}\frac{1+2\cos\theta}{5+4\cos\theta}d\theta=0$.

12. 证明　积分路线 $C: x=0, -1\leqslant y\leqslant 1$，因此在 C 上被积函数 $f(z)=x^2+\mathrm{i}y^2=\mathrm{i}y^2$，

$|f(z)| \leqslant 1 = M$，C 的长度 $L = 2$，所以 $\left|\int_{-i}^{i}(x^2 + iy^2)dz\right| \leqslant \int_C |f(z)| ds \leqslant ML = 2$.

习题 4

1. (1) 错；(2) 错；(3) 错.

2. (1) 绝对收敛；(2) 条件收敛；(3) 绝对收敛；(4) 发散 .

3. (1) 1；(2) 2；(3) $\frac{1}{e}$；(4) 1 .

4. (1) $\sum_{n=0}^{\infty} \frac{z^n}{2^{n+1}}$，$|z| < 2$；

(2) $2\sum_{n=0}^{\infty}(-1)^n \frac{(4+i)^n}{5^{n+1}} z^n$，$|z| < \frac{5}{\sqrt{17}}$；

(3) $-\frac{1}{2}\sum_{n=1}^{\infty}(-1)^n \frac{(2z)^{2n}}{(2n)!}$，$|z| < +\infty$；

(4) $\sum_{n=0}^{\infty}(-1)^n \frac{(z)^{4n}}{(2n)!}$，$|z| < +\infty$；

(5) $\sum_{n=1}^{\infty} nz^{n-1}$，$|z| < 1$.

5. (1) $\frac{z-1}{z+1} = 1 - \sum_{n=0}^{\infty}\left(\frac{-1}{2}\right)^n (z-1)^n$，$|z-1| < 2$，收敛半径 $R = 2$；

(2) $\ln(3+z) = \ln 3 + \sum_{n=1}^{\infty} \frac{(-1)^{n+1}}{n}\left(\frac{z}{3}\right)^n$，$|z| < 3$，收敛半径 $R = 3$；

(3) $\frac{z}{z^2 - z - 2} = \sum_{n=0}^{\infty}\left[\frac{1}{6}\left(-\frac{1}{2}\right)^n - \frac{2}{3}\right](z-1)^n$，$|z-1| < 1$，收敛半径 $R = 1$；

(4) $\arctan z = \sum_{n=0}^{\infty}(-1)^n \frac{z^{2n+1}}{2n+1}$，$|z| < 1$，收敛半径 $R = 1$.

6. (1) $\frac{1}{z-2} = \sum_{n=1}^{\infty} \frac{1}{(z-1)^n}$；(2) $\frac{1}{z(1-z)^2} - \sum_{n=1}^{\infty}(n+2)z^n$.

7. (1) 在 $0 < |z| < 1$ 内，$f(z) = \frac{1}{z} + \sum_{n=0}^{\infty} z^n$；

(2) 在 $1 < |z-1| < +\infty$ 内，$f(z) = \sum_{n=0}^{\infty}(-1)^{n+1} \frac{1}{(z-1)^{n+2}}$；

(3) 在 $0 < |z-2| < 1$ 内，$f(z) = \sum_{n=0}^{\infty}(-1)^{n+1} \frac{(2^{n+1}-1)}{2^{n+1}}(z-2)^n$；

(4) 在 $1 < |z-2| < 2$ 内，$f(z) = \sum_{n=0}^{\infty}(-1)^n \cdot \left[\frac{(z-2)^n}{2^{n+1}} + \frac{1}{(z-2)^{n+1}}\right]$.

复习题 4

1. (1) C；(2) A；(3) C；(4) B；(5) A；(6) A；(7) C .

2. (1) 一定,不一定；(2) 2，$|z-1|<2$；(3) $\sum_{n=0}^{\infty}(-1)^n\frac{z^{2n}}{(2n)!}$；(4) $\sum_{n=0}^{\infty}-z^{n-1}$；

(5) $\frac{e^z}{z^2}=\frac{1}{z^2}+\frac{1}{z}+\frac{1}{2!}+\frac{z}{3!}+\frac{z^2}{4!}+\cdots$.

3. (1) ① 条件收敛；② 条件收敛；③ 绝对收敛；④ 绝对收敛.

(2) ①1；②$+\infty$；③2；④1；⑤3；⑥$\frac{\sqrt{2}}{2}$.

(3) ① $\frac{z}{z+2}=1-\frac{2}{3}\sum_{n=0}^{\infty}\left(-\frac{1}{3}\right)^n(z-1)^n$，$R=3$；

② $\frac{1}{(1-z)^2}=\sum_{n=1}^{\infty}nz^{n-1}$，$R=1$；

③$\tan z=1-2\left(z-\frac{\pi}{4}\right)+2(z-\frac{\pi}{4})^2+\frac{8}{3}(z-\frac{\pi}{4})^3+\cdots$，$R=\frac{\pi}{4}$.

(4) ① $\frac{1}{(z^2+1)(z-2)}=\frac{1}{5}\left(\cdots+\frac{2}{z^4}+\frac{1}{z^3}-\frac{2}{z^2}-\frac{1}{z}-\frac{1}{2}-\frac{z}{4}-\frac{z^2}{8}-\frac{z^3}{16}-\cdots\right)$；

② $\frac{z-1}{(z-2)(z+3)}=\frac{1}{5}\sum_{n=0}^{\infty}\frac{2^n}{z^{n+1}}-\frac{4}{5}\sum_{n=0}^{\infty}\left(-\frac{1}{3}\right)^{n+1}z^n$；

③ $\frac{1}{z^2(z-i)}=\sum_{n=-1}^{\infty}(n+2)i^{n+3}(z-i)^n$.

习题 5

1. (1) 错；(2) 错；(3) 错；(4) 错.

2. (1) $z=0$ 为可去奇点；

(2) $z=0$ 为本性奇点；

(3) $z=0$ 为可去奇点；

(4) $z=0$ 为一级极点，$z=\pm i$ 为二级极点；

(5) $z=-1\pm 2i$ 为一级极点；

(6) $z=\pm\frac{\sqrt{2}}{2}\pm\frac{\sqrt{2}}{2}i$ 均为一级极点；

(7) $z=\pm\frac{\sqrt{2}}{2}(1-i)$ 均为三级极点；

(8) $z=-i$ 为本性奇点.

3. (1) $\mathrm{Res}[f(z), \pm\sqrt{2}\mathrm{i}] = \pm\dfrac{\sqrt{2}}{2}\mathrm{i}$;

(2) $\mathrm{Res}[f(z), 1] = \dfrac{1}{4}$, $\mathrm{Res}[f(z), -1] = -\dfrac{1}{4}$;

(3) $\mathrm{Res}[f(z), 0] = -\dfrac{4}{3}$;

(4) $\mathrm{Res}[f(z), \mathrm{i}] = \dfrac{1}{2\mathrm{ie}}$, $\mathrm{Res}[f(z), -\mathrm{i}] = \dfrac{\mathrm{ei}}{2}$;

(5) $\mathrm{Res}[f(z), 0] = \dfrac{1}{2}$;

(6) $\mathrm{Res}[f(z), 0] = 1$, $\mathrm{Res}[f(z), 1] = 0$.

4. 5.

5. −5.

6. (1) 0; (2) $4\pi e^2 \mathrm{i}$; (3) $2\pi\mathrm{i}$; (4) $-2\pi\mathrm{i}$.

7. (1) $\dfrac{\pi}{2}$; (2) $\dfrac{\pi}{\sqrt{2}}$; (3) $\dfrac{\pi}{2}$; (4) $\dfrac{\sqrt{2}}{4}\pi$.

复习题 5

1. (1) A; (2) A; (3) A; (4) C; (5) C; (6) C; (7) A .

2. (1) 0; (2) $\dfrac{1}{2}$; (3) $-\dfrac{1}{6}$; (4) 十; (5) 三.

3. (1) ① $z = 1$, 二级极点; $z = -1$,一级极点;

② $z = \pm\dfrac{\sqrt{2}}{2}(1-\mathrm{i})$, 三级极点;

③ $z = 0$, 一级极点; $z = \pm\mathrm{i}$, 可去奇点;

④ $z = 2k\pi\mathrm{i}$ $(k = 0, \pm 1, \pm 2, \cdots)$, 一级极点;

⑤ $z = 1$, 本性奇点;

⑥ $z = 0$, 二级极点; $z_k = \pm\sqrt{k\pi}$ 和 $z_k = \pm\mathrm{i}\sqrt{k\pi}$ $(k = 1, 2 \cdots)$ 都是一级极点.

(2) ① $\mathrm{Res}[f(z), \pm 1] = -\dfrac{1}{2}$, $\mathrm{Res}[f(z), 0] = 1$;

② $\mathrm{Res}[f(z), 0] = 1$, $\mathrm{Res}[f(z), \pm 1] = -\dfrac{1}{2}$;

③ $\mathrm{Res}[f(z), \mathrm{i}] = \dfrac{3\mathrm{i}}{4}$, $\mathrm{Res}[f(z), -\mathrm{i}] = -\dfrac{3\mathrm{i}}{4}$;

④ $\mathrm{Res}\left[f(z), k\pi + \dfrac{\pi}{2}\right] = (-1)^{k+1}\left(k\pi + \dfrac{\pi}{2}\right)$ $(k = 0, \pm 1, \pm 2, \cdots)$.

(3) ① $8\pi i$；② $2\pi i$；③ $\begin{cases} 2\pi i, & n=1, \\ 0, & n>1; \end{cases}$ ④ $-40i$.

4. (1) ① $\frac{\pi}{6}$；② $\frac{8\pi}{3}$.

习题 6

1. $\cos\omega a+\cos\frac{\omega a}{2}$.

2. $F(\omega)=A\cdot\frac{1-e^{-i\omega\tau}}{j\omega}$.

3. $F(\omega)=2\pi\delta(\omega-\omega_0)$.

4. 证明 $F(\omega)=\int_{-\infty}^{+\infty}f(t)e^{-j\omega t}dt$，若 $f(t)$ 为奇函数，则 $f(-t)=-f(t)$，

所以 $F(-\omega)=\int_{-\infty}^{+\infty}f(t)e^{j\omega t}dt\overset{t=-\tau}{=}\int_{-\infty}^{+\infty}f(-\tau)e^{-j\omega\tau}d\tau\overset{\tau=t}{=}-\int_{-\infty}^{+\infty}f(t)e^{-j\omega t}dt=-F(\omega)$.

所以，$F(\omega)$ 为奇函数.

若 $f(t)$ 为偶函数，由上述推理，有

$F(-\omega)=\int_{-\infty}^{+\infty}f(t)e^{j\omega t}dt\overset{t=-\tau}{=}\int_{-\infty}^{+\infty}f(-\tau)e^{-j\omega\tau}d\tau\overset{\tau=t}{=}\int_{-\infty}^{+\infty}f(t)e^{-j\omega t}dt=F(\omega)$，

所以，$F(\omega)$ 为偶函数.

同理，利用反演公式 $f(t)=\frac{1}{2\pi}\int_{-\infty}^{+\infty}F(\omega)e^{j\omega t}d\omega$，可证，当 $F(\omega)$ 为奇函数(偶函数)时，$f(t)$ 也为奇函数(偶函数).

所以，$F(\omega)$ 与 $f(t)$ 有相同的奇偶性.

5. (1) $F[f(t)]=F(\omega)=\int_{-\infty}^{+\infty}f(t)e^{-j\omega t}dt=\int_{-\pi}^{\pi}\cos t\cdot e^{-j\omega t}dt=\int_{-\pi}^{\pi}\frac{1}{2}(e^{jt}+e^{-jt})e^{-j\omega t}dt$

$$=\left[\frac{1}{2}\cdot\frac{e^{jt(1-\omega)}}{j(1-\omega)}+\frac{1}{2}\cdot\frac{e^{-jt(1+\omega)}}{-j(1+\omega)}\right]\Bigg|_{-\pi}^{\pi}=\frac{\sin(1+\omega)\pi}{(1+\omega)}+\frac{\sin(1-\omega)\pi}{(1-\omega)}$$

$$=\sin\omega\pi\left(\frac{1}{1-\omega}-\frac{1}{1+\omega}\right)$$

$$=\frac{2\omega\sin\omega\pi}{1-\omega^2}.$$

(2) 由公式 $f(t)=\frac{1}{2\pi}\int_{-\infty}^{+\infty}F(\omega)e^{j\omega t}d\omega$，得

$$f(t)=\frac{1}{2\pi}\int_{-\infty}^{+\infty}\frac{2\omega\sin\omega\pi}{1-\omega^2}\cos\omega t\,d\omega=\frac{2}{\pi}\int_{0}^{+\infty}\frac{\omega\sin\omega\pi}{1-\omega^2}\cos\omega t\,d\omega,$$

所以 $$\int_0^{+\infty}\frac{\omega\sin\omega\pi\cos\omega t}{1-\omega^2}d\omega=\frac{\pi}{2}f(t)=\begin{cases}\frac{\pi}{2}\cos t, & |t|\leqslant\pi, \\ 0, & |t|>\pi.\end{cases}$$

6. $\frac{\pi j}{2}[\delta(\omega+2)-\delta(\omega-2)]$.

7. $F(\omega)=\frac{\omega_0}{\omega_0^2-\omega^2}+\frac{\pi}{2j}[\delta(\omega-\omega_0)-\delta(\omega+\omega_0)]$.

复习题 6

1. (1) $F(-\omega)e^{-j\omega}$; (2) $e^{-at}u(t)$; (3) $\frac{4-j\omega}{16+\omega^2}$; (4) $\frac{j}{2}\left[\frac{1}{1+j(\omega+2)}-\frac{1}{1+j(\omega-2)}\right]$;

(5) $\frac{1}{2}[F(\omega-\omega_0)+F(\omega+\omega_0)]$; (6) $\delta(t+3)+\delta(t-3)$.

2. (1) B; (2) C; (3) A; (4) C; (5) D; (6) C; (7) C; (8)D.

3. $F[f(t)]=j\pi[\delta(\omega+\omega_0)-\delta(\omega-\omega_0)]$.

4. $F(\omega)=2\int_0^{+\infty}f(t)\cos\omega t\,dt=2\int_0^1\cos\omega t\,dt=\frac{2\sin\omega}{\omega}$, $\omega\neq 0$,

当 $\omega=0$ 时, $F(\omega)=2$.

5. $F(\omega)=\frac{j\omega}{\omega_0^2-\omega^2}+\frac{\pi}{2}[\delta(\omega-\omega_0)+\delta(\omega+\omega_0)]$.

6. (1) $F[f(t)]=F(\omega)=\frac{\alpha(\beta-j\omega)}{\beta^2+\omega^2}$;

(2) 证明　$f(t)=\frac{1}{2\pi}\int_{-\infty}^{+\infty}\frac{\alpha(\beta-j\omega)}{\beta^2+\omega^2}e^{j\omega t}d\omega=\frac{1}{2\pi}\int_{-\infty}^{+\infty}\frac{\alpha(\beta-j\omega)\cdot(\cos\omega t+j\sin\omega t)}{\beta^2+\omega^2}d\omega$

$$=\frac{1}{2\pi}\int_{-\infty}^{+\infty}\frac{\alpha(\beta\cos\omega t+\omega\sin\omega t)}{\beta^2+\omega^2}d\omega=\frac{\alpha}{\pi}\int_0^{+\infty}\frac{(\beta\cos\omega t+\omega\sin\omega t)}{\beta^2+\omega^2}d\omega.$$

在 $t=0$ 处, $f(t)$ 不连续,应将上式中 $f(t)$ 换为$\frac{\alpha}{2}$.

所以,有$\int_0^{+\infty}\frac{\beta\cos\omega t+\omega\sin\omega t}{\beta^2+\omega^2}d\omega=\frac{\pi}{\alpha}f(t)=\begin{cases}\pi e^{-\beta t}, & t>0,\\ \frac{\pi}{2}, & t=0,\\ 0, & t<0.\end{cases}$

7. $F[f(t)]=\frac{\pi}{2}[(\sqrt{3}-j)\delta(\omega-5)+(\sqrt{3}+j)\delta(\omega+5)]$.

8. 证明　$F[e^{\pm j\omega_0 t}f(t)]=\int_{-\infty}^{+\infty}[e^{\pm j\omega_0 t}f(t)]e^{-j\omega t}dt=\int_{-\infty}^{+\infty}f(t)e^{-j\omega t\pm j\omega_0 t}dt=\int_{-\infty}^{+\infty}f(t)e^{-jt(\omega\mp\omega_0)}dt$

$=F(\omega\mp\omega_0)$.

9. $F[f(-t)]=\int_{-\infty}^{+\infty}f(-t)e^{-j\omega t}dt\overset{t=-\tau}{=}\int_{-\infty}^{+\infty}f(\tau)e^{j\omega\tau}d\tau\overset{\tau=t}{=}\int_{-\infty}^{+\infty}f(t)e^{-j(-\omega)t}dt=F(-\omega)$.

10. 证明　由线性性质:$F[\alpha f_1(t)+\beta f_2(t)]=\alpha F_1(\omega)+\beta F_2(\omega)$,

位移性质:$F[e^{\pm j\omega_0 t}f(t)]=F(\omega\mp\omega_0)$,

(1) $F[f(t)\cos\omega_0 t]=F\left[\frac{1}{2}f(t)e^{j\omega_0 t}+\frac{1}{2}f(t)e^{-j\omega_0 t}\right]=\frac{1}{2}[F(\omega-\omega_0)+F(\omega+\omega_0)]$;

(2) $F[f(t)\sin\omega_0 t]=F\left[\frac{1}{2j}f(t)e^{j\omega_0 t}-\frac{1}{2j}f(t)e^{-j\omega_0 t}\right]=\frac{1}{2j}[F(\omega-\omega_0)-F(\omega+\omega_0)]$.

11. $F[e^{j\omega_0 t}u(t)]=\frac{1}{j(\omega-\omega_0)}+\pi\delta(\omega-\omega_0)$.

12. $f(t)=\frac{1}{2}(e^{-j\omega_0 t}+e^{j\omega_0 t})=\cos\omega_0 t$.

13. $x(t)=\begin{cases}0, & t<0,\\ e^{-t}, & t\geqslant 0.\end{cases}$

习题 7

1. (1) $\frac{1}{s^2}$; (2) $\frac{1}{s+3}$; (3) $\frac{E}{s}(1-e^{-t_0 s})$.

2. (1) $\frac{6}{s^4}+\frac{12}{s^3}-\frac{3}{s}$; (2) $\frac{5s-6}{s^2+4}$; (3) $\frac{3}{s^2+36}$; (4) $\frac{\sqrt{2}}{2}\frac{2-s}{s^2+4}$;

(5) $\frac{8}{s}\cdot\frac{s^2+18}{s^2+36}$; (6) $\frac{1}{s}+\frac{2}{(s+2)^3}$; (7) $\frac{4}{(s-3)^2+16}$; (8) $\frac{4}{s^2+64}+\frac{1}{s^2+4}$;

(9) $\frac{1}{s}(2e^{-s}+3e^{-2s})$; (10) $\frac{1}{s}(3-4e^{-2s}+e^{-4s})$.

3. (1) $\frac{2}{s-3}$; (2) $\frac{\omega}{s^2+\omega^2}$.

4. (1) e^{3t}; (2) $\frac{1}{2}e^{-\frac{3}{2}t}$; (3) $2\cos 6t$; (4) $2\cos t-\sin t$; (5) $2-3t$;

(6) $e^t\left(2\cos 2t+\frac{5}{2}\sin 2t\right)$; (7) $\frac{5}{2}e^{-5t}-\frac{3}{2}e^{-3t}$; (8) $\frac{1}{2}-e^{-t}+\frac{1}{2}e^{-2t}$.

5. (1) $\frac{1}{6}t^3$; (2) e^t-t-1; (3) $\frac{1}{2}t\sin t$.

6. (1) $i(t)=5(e^{-3t}-e^{-5t})$; (2) $y(t)=e^{-t}(\cos 2t+3\sin 2t)$;

(3) $y(t)=2t+3\cos 4t-\sin 4t$; (4) $y(t)=\frac{1}{4}(7e^{-t}+2te^{-t}-3e^{-3t})$;

(5) $\begin{cases}x(t)=e^t,\\ y(t)=e^t,\end{cases}$ (6) $\begin{cases}x(t)=e^{-t}\sin t,\\ y(t)=e^{-t}\cos t.\end{cases}$

复习题 7

1. (1) C; (2) A; (3) B; (4) A; (5) A.

2. (1) $L[f(t)]=\frac{2}{s^2+4}-3\frac{s}{s^2+4}-8\frac{1}{s+2}+\frac{2}{s}$;

(2) $L[f(t)]=\frac{1}{s^2+4}$;

(3) $L[f(t)]=\frac{1}{s}+\frac{2}{(s+1)^3}$;

(4) $L[f(t)]=\frac{1}{s}(2-e^{-s}-e^{-2s})$.

3. (1) $L^{-1}[F(s)]=4\cos 2t-\frac{3}{2}\sin 2t$;

(2) $L^{-1}[F(s)]=e^{-2t}-te^{-2t}$;

(3) $L^{-1}[F(s)]=\frac{1}{2}(1-2e^{-t}+e^{-2t})$;

(4) $L^{-1}[F(s)]=e^{-2t}(\cos\sqrt{3}t+\sqrt{3}\sin\sqrt{3}t)$.

4. (1) $y=e^{2t}$;

(2) $y=\frac{3}{2}e^{-t}+\frac{3}{2}te^{-t}-\frac{1}{2}\cos t$; (3) $\begin{cases}x(t)=-\frac{3}{2}e^{t}+2t,\\ y(t)=-\frac{1}{2}e^{t}-\frac{1}{2}t^2+\frac{3}{2};\end{cases}$

(4) $\begin{cases}x(t)=3+\frac{1}{4}e^{-t}-\frac{13}{4}e^{t}+\frac{5}{2}te^{t},\\ y(t)=-\frac{1}{4}e^{-t}-\frac{15}{2}te^{t}-\frac{31}{4}e^{t}.\end{cases}$

参 考 文 献

[1] 郑唯唯.复变函数与积分变换[M].西安:西北工业大学出版社,2011.

[2] 陈荣军,文传军.复变函数与积分变换[M].南京:南京大学出版社,2015.

[3] 陈艳萍.复变函数与积分变换[M].北京:科学出版社,2015.

[4] 于慎根,杨永发,张相梅.复变函数与积分变换[M].天津:南开大学出版社,2015.

[5] 华中科技大学数学系.复变函数与积分变换[M].2版.北京:高等教育出版社,2003.

[6] 胡红亮,赵芳玲.应用数学:电类[M].西安:西北大学出版社,2008.